JN194634

# 新・建設業 まちを創る 会社は こうしてつくる

岡崎正信 監修
地方創生まちづくりネットワーク 著

ダイヤモンド社

# はじめに——創注型の建設業を目指すために

少子化、高齢化に加えて、さらに若者の地方離れも加速し、各地で求められる公共サービスも多様化している。こうした状況は、同時に地方での建設業のあり方を大きく変えようとしている。

少子化、高齢化、若者の地方離れも一因となり地方自治体の財政は厳しくなるなか、かつてのように潤沢なお金を使うような大型の公共施設整備などの事業は軒並み減らさざるを得ないのに対し、高度経済成長期からバブル期にかけて整備されてきたインフラや公共施設が完成から50年60年を過ぎ、メンテナンスや維持管理のための事業は増加する一方だ。

このような財政制約の下で、未来の社会をよくするための公共投資や公共サービスの提供にあたって、現在さらには将来の世代に過大な負担をかけずに進めることが求められている。こうした時代に、建設業者も、行政から発注されるのを待つような従来型の「公共事業の受注中心」という事業構造では、会社を維持していくことが困難になる。

これからは受注機会を待つ姿勢ではなく、仕事は自らが企画提案し創り出すという姿勢が求められよう。言い換えれば、受注型から「創注型」企業・産業への脱皮を目指すべきだ。それこそが、本書のタイトルにもなっている「新・建設業」である。

本書では、全国各地の建設業者とその周辺関係者に向けて、創注型の建設業とは何か、創注型の建設業に転換するにはどうすればいいのか、詳しく解説している。

受注型から創注型への脱皮が必要と〝勘〟ではわかっていても、「何から手を付ければよいかわからない」「日々の仕事が多忙で新たな学びや経験が得られない」といった建設業者は実際に多い。

そうした危機感と意欲ある方々に向けて、創注型の建設業に生まれ変わるための具体的なノウハウや各地の成功例を紹介していく。併せて、事業を進めるに当たっての注意点、法制度などの今後の展望などをも紹介し、さまざまな観点から脱皮へ向けたポイントを解き明かしていきたい。

私たち「地方創生まちづくりネットワーク」は、東証マザーズに上場しているハイアス・アンド・カンパニー株式会社が運営するプラットフォームである。このプラットフォームを立ち上げた目的は、各地の建設業者をサポートすることで、具体的には地域での官民連携への取り組みをはじめとする創注型の建設業への転換に必要な情報や機会を提供、共有することである。ネットワークに参画する企業が自ら事業を興し、持続可能性の高い企業へと進化発展、地域の都市経営課題である遊休不動産やさまざまな施設などの再編やリニューアルを率先して担うことができる事業者になることだ。

本書の制作にあたっては、「地方創生まちづくりネットワーク」が活動指針を策定する際に、さまざまな示唆、助言を与えてくださった有識者の方々に、改めて助力をいただいた。キーパーソンとして次の5名の方からは特に多くの知見を提供いただいた。

本書の監修者として本書の制作に関わっていただいた株式会社オガール代表取締役の岡崎正信氏、株式会社安成工務店代表取締役の安成信次氏。両名は経営者であり創注型の建設業・事業者の先駆的実践者でもある。早稲田大学研究院客員教授の赤井厚雄氏は金融のスペシャリストとして、麗澤大学客員教授で元国土交通省土地・建設産業局長、内閣官房地域活性化事務局長の内田要氏は地方創生の専門家として、多角的な視点から助言をいただいた。また、東洋大学大学院経済学研究科公民連携専攻客員教授の矢部智仁氏からは、建設業を巡る環境の変化や官民連携、地方創生に関する動向について助言をいただいた。これら5名の知見に加えて、各地での課題解決の試みや現在進行形の案件についても、可能な範囲で紹介を行った。

地方における地域課題の解決や新たな公共サービスの提供方法は一つとして同じものはなく、それぞれの地域の実情に応じたものでなければならない。とはいえ、そこには最低限守るべき仕組み、原則といったものも存在する。

本書が、全国各地の建設業者が創注型の建設業へと転換する動きを支援し、彼らとその周辺関係者にとって、各地での地域経営課題を解決するプロジェクトを進めるための指針となれば幸いである。

令和元年7月　　　　著者

# もくじ

第2章

# 地域の課題を発見・解決する

――これからの建設会社が果たすべき役割とは――



第3章

# 官との連携でビジネスチャンスが大きく広がる

――新・建設業におけるPPPの可能性――

# 第4章 PPP、PFIに乗り遅れるな！

―国が推進する官民連携の新たな展開とは―

## 第5章 受注型から「創注型」へ ―クリエイティブな建設会社に生まれ変わる方法―

## 第6章 地域課題を解決する新しいビジネスの創造とファイナンス
### ―新・建設業のための資金の集め方―

# 第1章

# 地域の建設事業者を取り巻く厳しい環境

## ――生き残りの途はどこにあるのか？――

これからの時代、地域の建設関連企業が持続可能な事業を営むためには、公共事業依存型の体質を改めることが必須だ。

建設業界を取り巻く厳しい状況に改めて目を向けることで、新・建設業への業態転換の必要性が見えてくる。

# 01

# 建設業界の現在と先行きをどう見るか？

私たち地方創生まちづくりネットワークが推進しているこれからの建設業＝「新・建設業」について語るためには、まず現在の建設業がおかれている現状と近未来像について見ておく必要があろう。

東京商工リサーチの調査によれば、全国に14万社弱ある株式未上場の建設会社の２０１７年度の売上高合計は、62兆５９０９億円（前期比２・２％増）。これは、リーマンショックが発生した08年以降の10年間では最高額に当たる。加えて、利益合計は1兆９５８８億円（同12・７％増）と、過去10年間で最少だった08年度（２１５９億円）の約9倍に伸びた、ということだ。

上場企業の決算においても、16、17年度は過去最高益を更新する大手ゼネコンが相次いだことは記憶に新しい。

## 五輪景気に復興景気もあるが……

20年の東京2020オリンピック・パラリンピック競技大会に向けたインフラ整備や東日本大震災からの復興需要の拡大が続いていることから、建設業界は好景気に沸いていると見なされることも多い。加えて、旺盛なインバウンド需要に対して各地で不足するホテルの建設ラッシュ、25年に開催される大阪万博に27年開通予定のリニア新幹線など、追い風続きではないかという見方もあるのは事実だ。

しかし、そうした評価は必ずしも業界全体の実態を正確に表しているとはいえない。

例えば、経済産業省の資料（METI Journal）では、「建設業活動指数（国土交通省の建設総合統計を基に、経済産業省で試算したもの）は、昨年（17年）

春を活動のピークとし、以降は低落傾向ながらも高い活動水準で推移していた。しかし、今年（18年）6月に指数値は急降下、以降も低落傾向が続いており、18年10月に至っても低空飛行が続く」と指摘している。

## 2017年はたしかに景気がよかったが……

同資料には、「18年10月の建設業活動は前月比マイナス1・2%と2か月連続の低下で、その水準は16年12月以来の水準域レベルであり、約2年前の水準に戻ってしまった」との記述もある。

その後、翌11月にはいったん上振れるものの、19年2月21日付の「経済解析室ニュース」（経済産業省）では、「18年12月の建設業活動指数は前月比低下、公共工事が低調で全体の低下に大きく響いた。指数値は16年初頭頃の水準に戻る。第4四半期も続落、建設業活動の弱含み傾向に変化はみられず」と、厳しい指摘が続いていることがわかる。

## 2017年以降、建設業界は下降傾向にある

建設業活動指数は、2016年後半から上昇し続けていたが、17年夏を境に若干の揺り戻しはあるものの下降トレンドが続いている。

### 建設業活動指数の推移

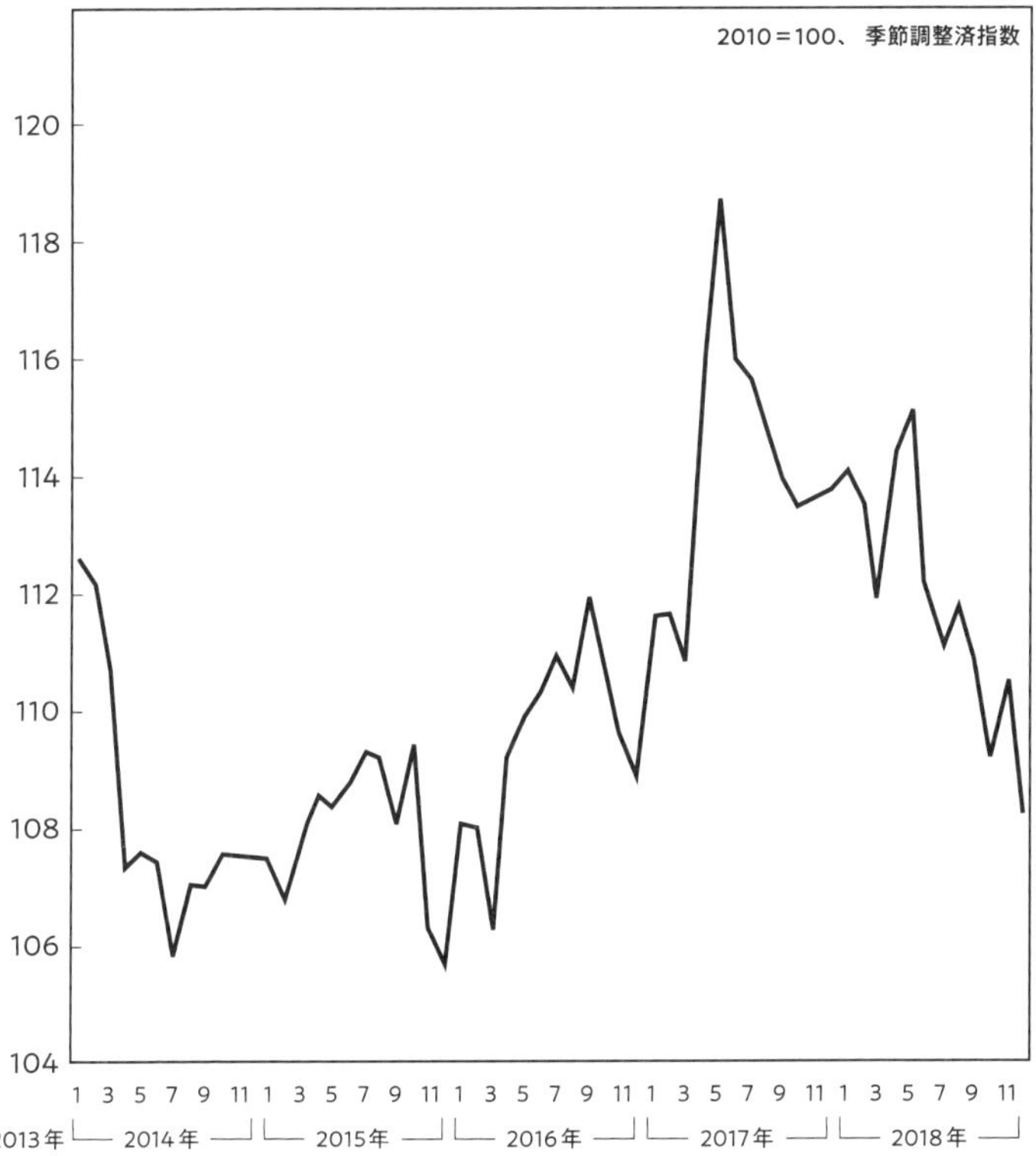


出典：経済産業省

前ページに、13～18年の「建設業活動指数」の推移を挙げた。

これらの数値はすべて、リーマンショック後の不況が続きアベノミクスの恩恵を受ける前の10年の数値を100と見立てたものである。グラフからもわかるように、16年後半～17年にかけていったん上向いたカーブが、17年の夏以降は下降トレンドに転じたことが見て取れる。

この経産省のいう「低空飛行」という指摘は重く受け止めなければならない。

有り体に言えば、「リーマンショックでどん底に落ちた建設景気が、16～17年にかけてはやや持ち直したものの、18年以降、足元では弱含みが続く」といった見方が適切ではなかろうか。


**より長期のスパンで見てみると……**

左ページに挙げたのは、1976年以降およそ40年にわたる建設投資の推移をまとめたグラフだ。

## ピーク時から4割以上も減少した建設投資

下のグラフは政府と民間による建設活動を出来高ベースで集計したもの。1992年の84兆円をピークに右肩下がりに下落しており、2015年の数値はピーク時と比較して4割以上も下落していることがわかる。

建設投資の推移

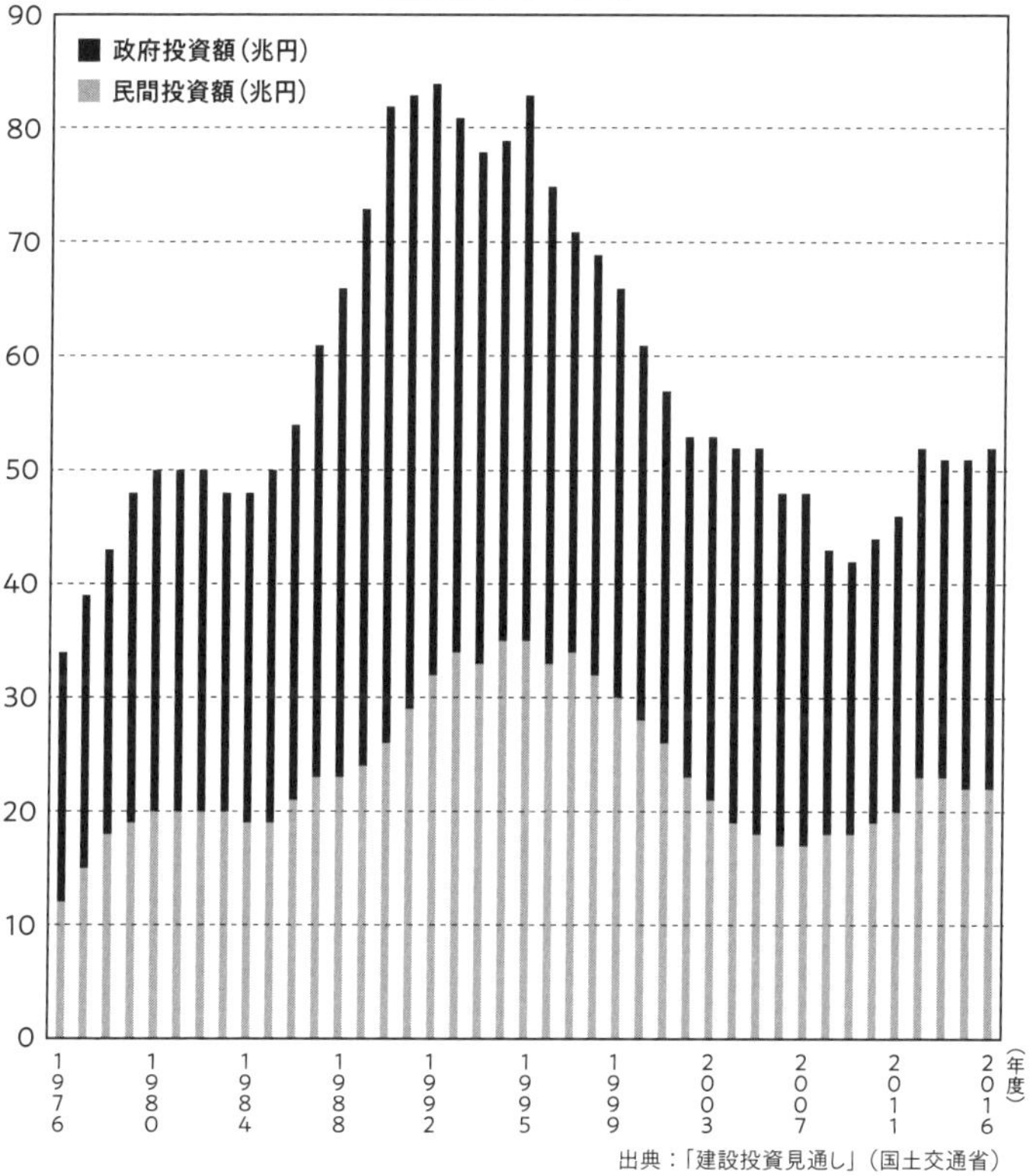


出典：「建設投資見通し」（国土交通省）

建設投資とは、すべての建設活動を出来高ベースで集計したものだ。

バブル崩壊の直前となるピークの92年には84兆円あったものが、リーマンショック後の10年に41兆円と半分以下に落ち込み、その後は幾分か盛り返したものの、15年の数値は48・5兆円と「低空飛行」で、ピーク時からは4割以上も減少している。

建設投資額だけではない。建設業の認可を受けた許可業者数はピーク時から22％余り、また就業者数は27パーセント余りも減少しているのだ。

## 低空飛行が続く建設業界

昭和の終盤からバブル崩壊後の数年間、建設業界はピークを謳歌した。しかし、その後は下降が続き、リーマンショック後にどん底を迎える。その後、五輪や復興景気でいくらか持ち直したものの、経産省が言うように足元では「低空飛行」が続く……これこそが、建設業界の現状であり近未来ととらえるべきなのではなかろうか。

公共工事がピーク時から減ってはいるものの、ここ数年はかつてより低いレベルながら安定している一方で事業者数も減っていることから、公共工事が減り続けてきた20年間を「生き残びた」会社の中には、我が世の春という状態の会社もあるようだが、何より、15年の各数値が、30年以上前の83年のものとほぼ同じということに業界関係者は危機感を抱かなければならない。

02

# 削減続きの公共事業と地域の建設会社への影響

建設業界が低空飛行を続けている大きな理由の一つが、公共事業の減少だ。1998年に14・9兆円と最高額を記録した政府全体の公共事業関係費だが、2019年度予算案では6・9兆円と半分以下に落ち込んでいる。

左ページのグラフからもわかるように、99年以降、ほぼ下落基調だったものが11年の東日本大震災を受け、いったん増加に転じる。しかし、総額で8兆円を回復することはなく、16年以降は下落か横ばい基調となっている。

もはや、かつてのような公共事業頼みの業態オンリーでは、個々の建設会社にも、建設業界全体にも明るい未来はない。「はじめに」でも述べたが、待ちから攻めへ、受注から創注へという構造転換が求められるのである。

## 頭打ち状態の公共事業の増加は期待できない

1998年に過去最高額を記録した公共事業関係費だが、以降はほぼ右肩下がりとなり、ここ5年ほどは6〜7兆円で頭打ち状態となっている。日本の財政状況を考えても、この先、公共事業が急速に拡大することはまず期待できない。

### 公共事業関係費の推移

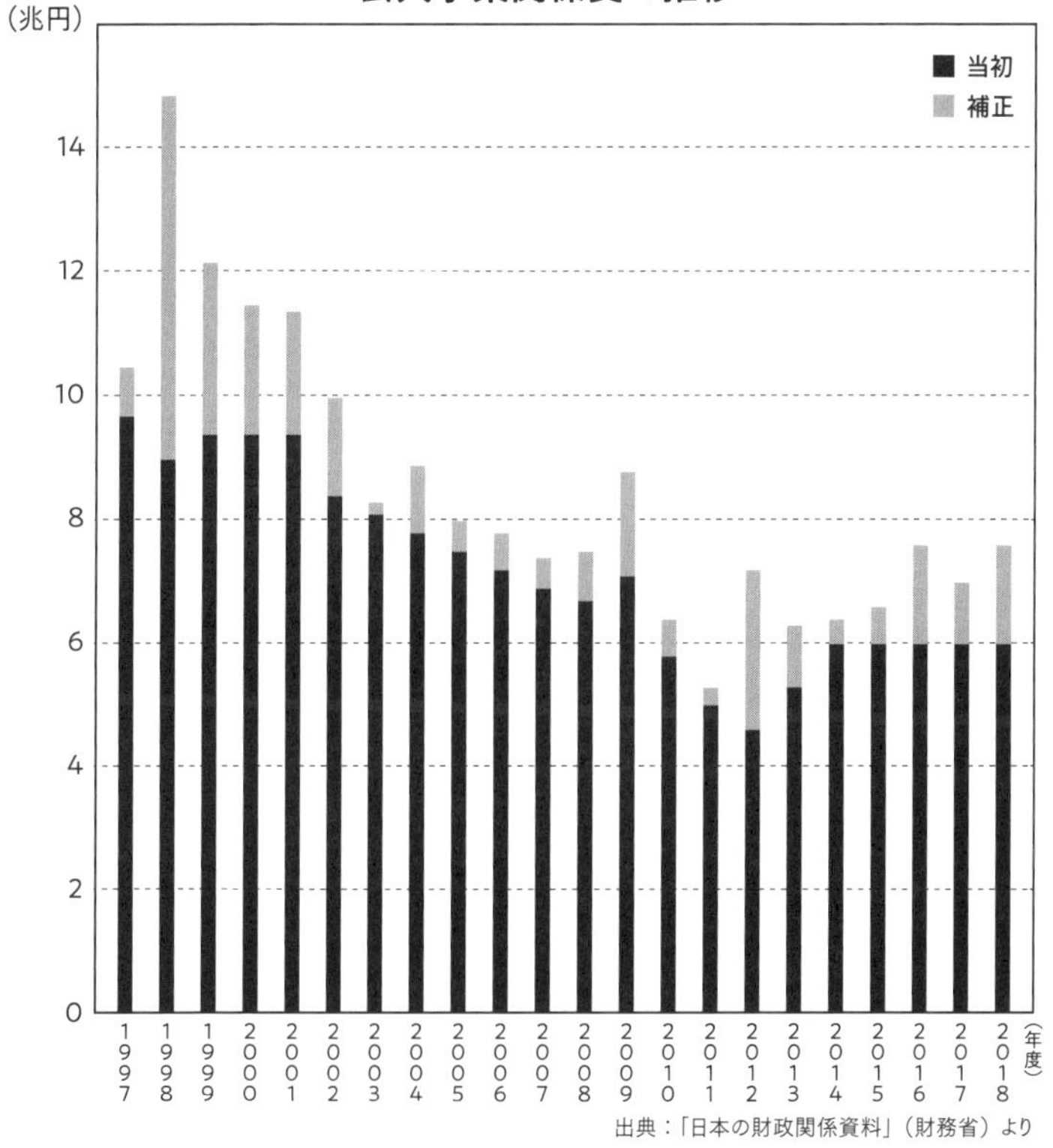


出典：「日本の財政関係資料」（財務省）より

## 地方自治体の公共投資も減っている

公共事業を取り巻く状況は、地方都市ではより深刻だ。多くの地方自治体では、高齢化により増加し続ける社会保障費に圧迫され、公共事業に予算を割り振る余裕がなくなりつつある。「義務的経費（職員の人件費や扶助費、公債費等）」に多くの予算が割かれ、「投資的経費（インフラ整備や公営住宅等の建設に充てられる経費）」は縮小する一方だ。

このような現状を踏まえれば、公共事業の入札機会が訪れるのをただ指をくわえて待っているだけでは、地方の建設会社に待っている未来は、「衰退」以外ありえないのではないだろうか。

東洋大学大学院経済学研究科公民連携専攻の矢部智仁客員教授は、各地での公民連携や民間同士による地域再生プロジェクトの現状に詳しい。そうした地方の現場と主なプレーヤーである地方の建設会社を数多く見てきた矢部客員教授は、近年地方で起こる公共事業関連のある変化を口にする。

「以前なら、大手や中堅の建設会社が見向きもしなかったような規模の地方案件に、大手や準大手といわれる企業も参入するようになっていると聞きます。それだけ公共事業が減っているということです。中堅以上の規模の会社でも、小さな仕事も取っていかなければ、やっていけないところが増えているのです」

ただでさえ減り続ける地方の公共事業。加えて、大手までもが危機感を持って小口の公共事業に参入してくる……。公共事業に大きく依存してきた地方の工務店や建設会社を取り巻く厳しい環境の一端がここからも垣間見える。

## 地方で相次ぐ休廃業に解散。まちから建設事業者が消える!?

頼みの綱であった公共事業も減るばかり。久しぶりに訪れた入札の機会に参加してみても、より規模の大きな会社に仕事を取られてしまう。仕事がなければ、会社が存続していくことは難しくなる。そうした地方の建設会社や工務店の苦境は、さまざまなデータにも表れている。例えば、東京商工リサーチの２０１８年「休廃業・解散企業」動向調査を見てみよう。

全国で休廃業・解散した企業は４万６７２４件（前年比14・２％増）。企業数が増加したのは16年以来、２年ぶりということだ。産業別の比率で見ると最も件数が多いのが、比較的参入障壁の低い「サービス業他」の29・３％（１万３６９８件）で、次いで多いのが「建設業」の19・４％（９０８４件）である。ちなみに、この９０８４という数値を47都道府県数で単純に割れば、１都道府県当たり平均で１９３の建設会社が休廃業・解散している計算となる。

建設業はサービス業とは異なり、新規参入の障壁も高いので、新たな会社がどんどん設立される状況も期待しづらい業界だ。このままのペースで減少し続けていけば、そう遠くない将来、まちから建設会社がいなくなった自治体も出てくるのではないかと懸念されるほど大きな数値だ。

## 倒産件数は一時期より落ち着きを取り戻している

グラフは東京商工リサーチが調査した企業倒産状況から年間の建設業の数値を抽出したもの。2000年代前半は5千件を超える年が続いたが、その後徐々に減少していき、14年以降は2000件を切っている。

### 建設業の倒産件数の推移

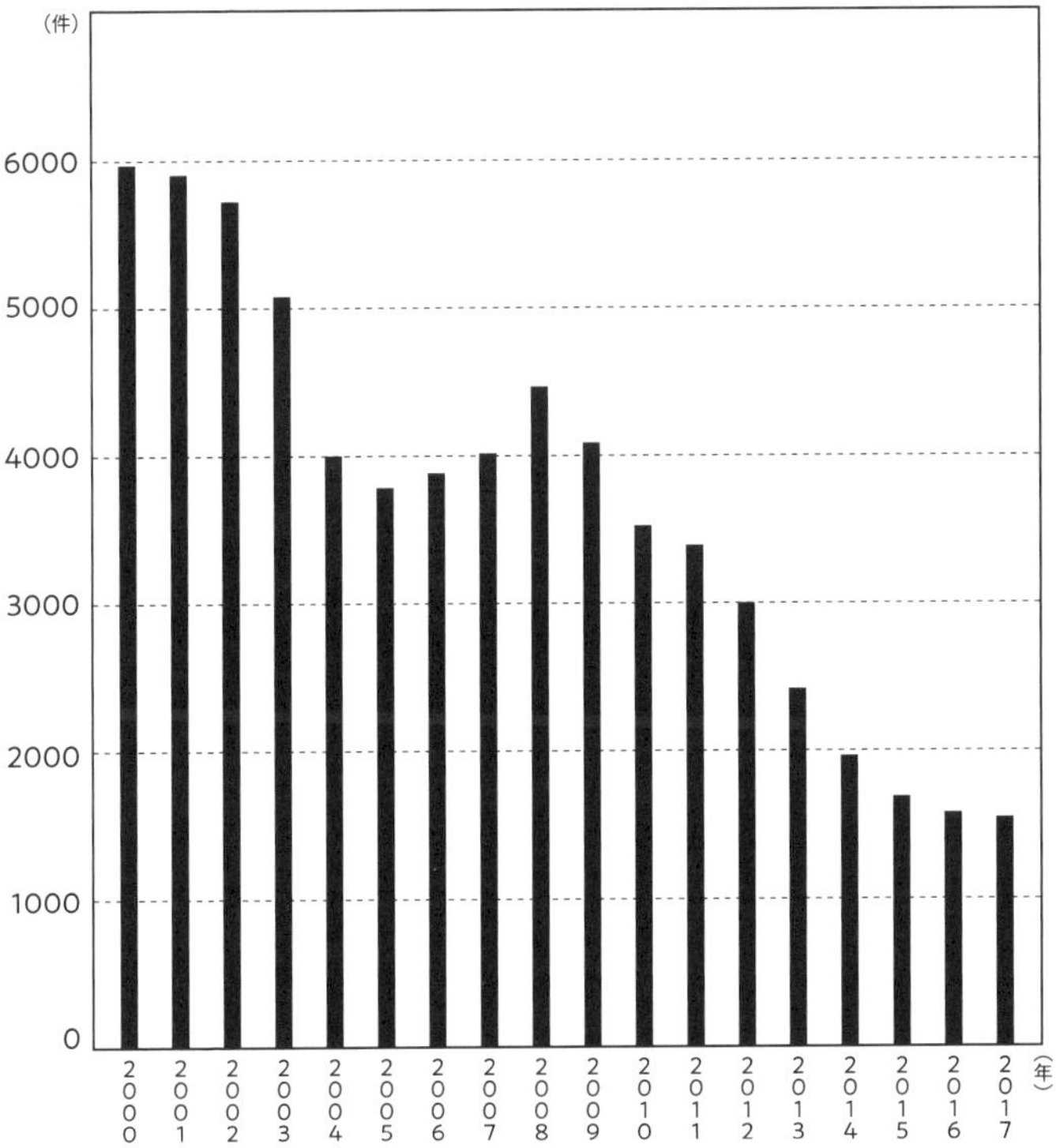


出典：全国企業倒産状況（東京商工リサーチ）

## 倒産件数は減っているが

もっとも、同調査では、「10年連続で企業倒産件数が減少し、18年の企業倒産件数は前年比2％減の８２３５件だった」という趣旨の報告もある。東京商工リサーチの「倒産月報」で見ても、00年には約６０００件あった建築業界の倒産件数（負債総額１０００万円以上）は、その後おおむね減り続け、17年は１５４８件となっている。

アベノミクス景気の影響や、先述の16～17年にかけての建設業界の一時的な好況などもあり、近年は特に低水準が続いている。

つまり、倒産は減っているが、休廃業・解散は増えており、先述のようにトータルの許可業者数や建設業の従事者の総数は減り続けているということだ。その背景にあるのが、公共事業の削減による「仕事不足」。そして、もう一つの大きな要因が「人手不足」だろう。

# 03

# 人材難と後継者不足は業界共通の「頭痛の種」

2018年10月に帝国データバンクが発表した「人手不足に対する企業の動向調査」によると、正社員が不足している企業は52・5%で過去最高を記録したという。

じつに日本の企業の半数以上が人手不足に悩まされているわけだが、建築業界は「放送」「情報サービス」「運輸・倉庫」に続く4番目に人手不足が深刻な業界としてランクインしているのだから事態はより深刻だ。

同調査では、じつに7割近い建設業者が「人手不足」と回答しているが、それに加えて業界特有の課題として、若年就業者の不足が挙げられる。

29ページのグラフが示しているように、30歳未満の若年層の占める割合が目立って下落傾向にあり、17年度では11％にすぎない。全産業では30歳未満の割合は16％なのだから、建設業界がいかに若者に支持されていないかわかる、というものだ。

若者が少ないということは、裏を返せば、高齢の就業者が多いということ。次ページにも挙げたが、建設業では55歳以上の就業者数がおよそ3分の1にのぼり、全産業平均を大きく上回っている。

このままの年齢構成のまま推移すれば、ボリュームゾーンの就労者が定年退職の時期を迎える10年後には、空前の人手不足が建設業界を襲うことになるだろう。中には「110万人が大量離職する」という試算まである。

## 外国人頼みでよいのか？

人手不足の対策として、外国人労働者の受け入れが拡大している。

厚生労働省の「外国人雇用状況」によれば、建設業で働く外国人労働者は、

## ほかの産業と比べても高齢化が際立つ建設業界

下のグラフは建設業界とその他の産業における29歳以下と55歳以上の就労者の割合を示したもの。建設業界では55歳以上の就業者は3割超。一方、29歳以下は約1割と特に高齢化が進んでいることがわかる。

### 29歳以下と55歳以上の就労者の割合

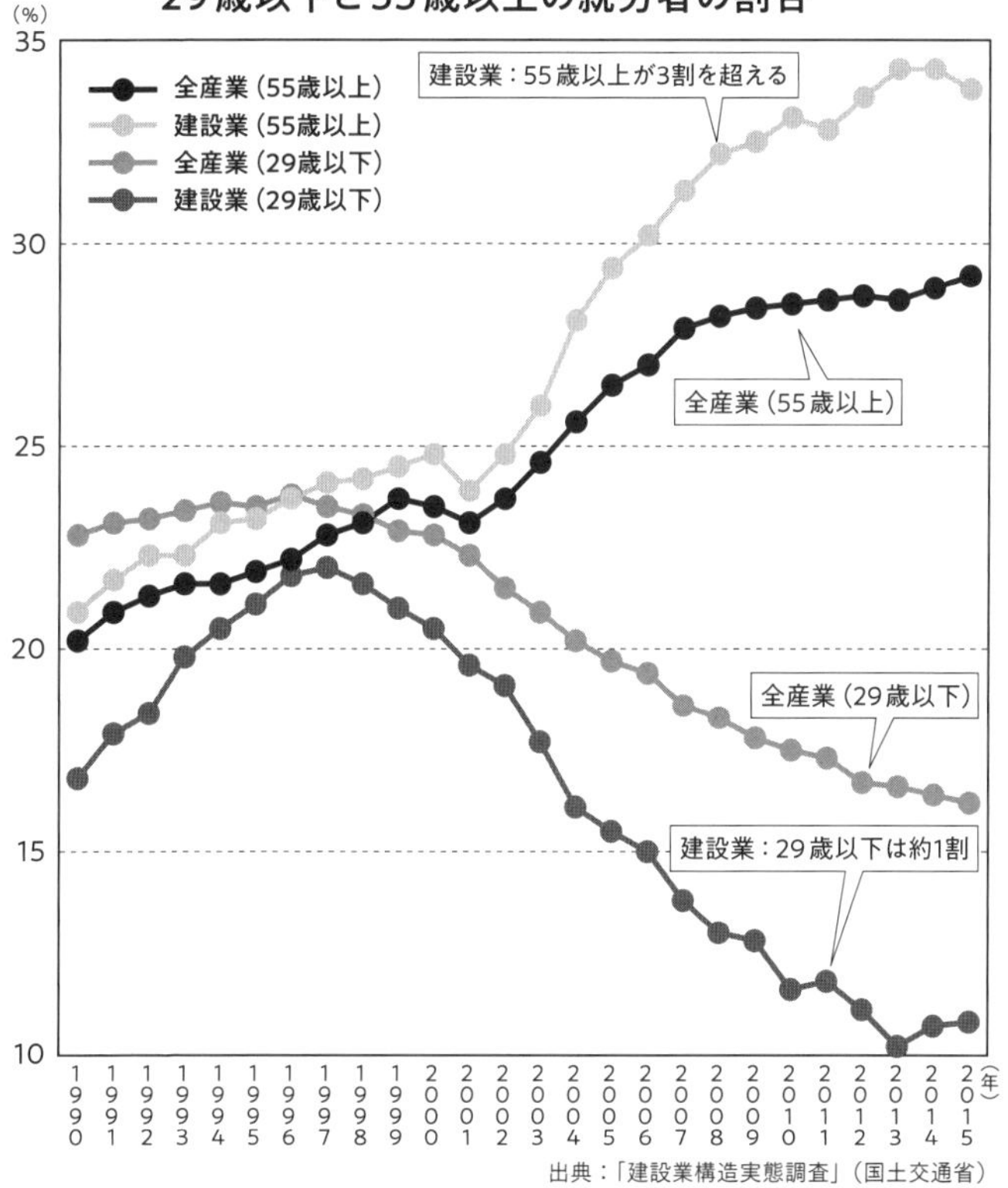


出典：「建設業構造実態調査」（国土交通省）

11年の1万3000人から17年には5万5000人と4倍以上に拡大した。さらに、19年4月に改正出入国管理法が施行されたことで、外国人労働者を継続的に受け入れる体制がより整備されるだろう。

地方を中心に、不足する人材を外国人労働者で補いやすくなることが期待される反面、言葉や慣習の違いといったコミュニケーションをはじめとする問題がつきまとう。

やはり、できれば日本人の若者、それも工業高校や建築関係の専門学校を出た意欲やスキルのある人材を確保したいのが誰しもの本音だろう。しかし、そこにも一種のミスマッチがあるといわれている。

## 若者への訴求にも一考が必要

18年3月、国土交通省が行った「国土交通分野の将来見通しと人材戦略に関する調査研究」という調査がある。建設系学科のある工業高校の3年生（卒業予定者）、建築会社の双方にアンケートを実施したものだが、その結果からは両者の思惑の乖離が見られた。

例えば、多くの学生たちが知りたいと思っているのは、給与制度や休日・有給休暇など報酬や働き方についての情報だが、こうした点の情報発信に積極的な企業は多くない。

反対に、企業側がアピールしたいと考えていた、技術力や歴史・実績、企業理念などは、学生側からすれば、それほど重要な情報ではなかった。

## 学生の思いに寄り添った対応が必要

また、同調査で学生側が建設業を選んだ理由の上位3つが「建設業へのあこがれ」「ものづくりが面白そう」「自分の作ったものが後世に残ることが魅力」であった。対して、企業側は面接時などにそうした学生の思いに寄り添った対応が十分にできていない点も垣間見られた。

学生は給与や休暇などの待遇面のみを重視しているわけではなく、「やりがい」や「生きがい」も求めて建設業界の門を叩いている。

企業側がその思いに十分に応えることができていないのも、若者が集まらない業界になっている理由の一つといえそうだ。

今後のリクルーティングや人材教育の場面で、こうした点は見逃してはならないだろう。

## 後継者問題も頭が痛い

人手不足は、労働者だけに限らない。次代を担う経営者のなり手が少ないことも大きな問題だ。これも建設業界に限った話ではないが、中小を中心に多くの企業が後継者の問題を抱え、事業承継を行うことができない状況に陥っており、経営者が60、70代になっても後継者候補を見つけることができずにいる企業は少なくない。

## 小規模事業者を中心に後継者問題が深刻化している

建設業界では、経営上の課題として、工事量や利益率などは改善傾向が見られるのに対し、人材難、後継者難に悩む事業者が増えている。特に小規模な事業者ほど、後継者問題を課題としているところが多い傾向がある。

### 建設業の経営上の課題

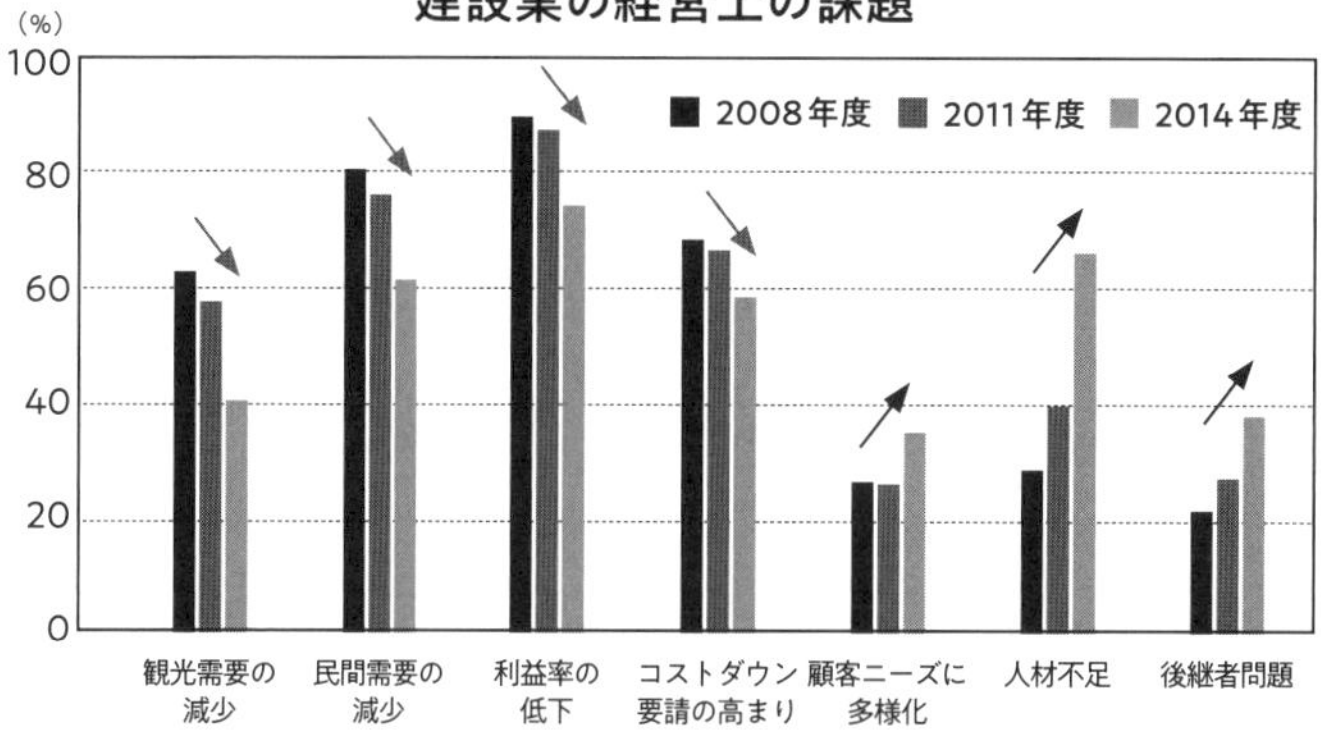


### 後継者問題を課題とする建設業者の推移

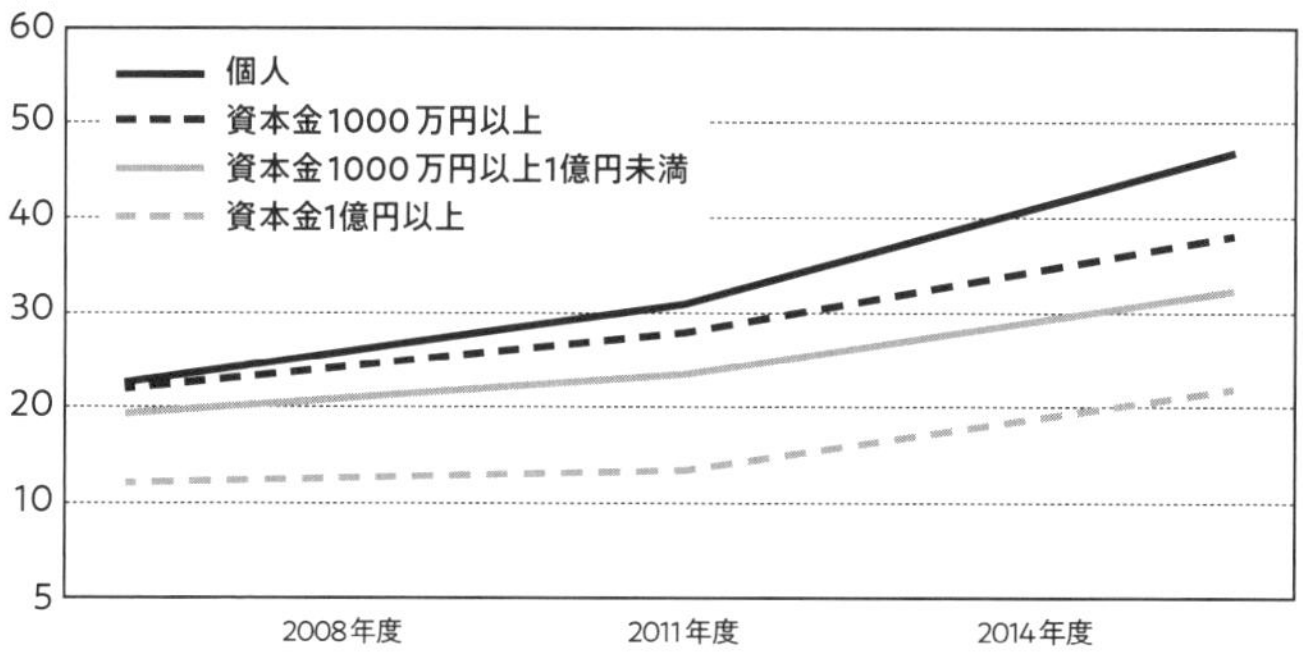


出典：「建設業構造実態調査」（国土交通省）

国土交通省が２０１５年に公表した「建設業構造実態調査」からも、そのことが明らかだ。

経営上の課題として、「需要の減少」を挙げる企業が減少傾向にあるのに対して、「人材不足」や「後継者問題」を挙げる企業は右肩上がりに増えている。先に休廃業の増加の背景には、「人手不足」があると指摘したが、労働者の不足と後継者の不足から事業の継続を断念せざるを得ず、休廃業という選択に至っている企業も少なくないと考えられるからだ。実際、帝国データバンクの「全国『休廃業・解散』動向調査」（２０１８年）で、17年に休廃業・解散した企業の代表者の年齢を見ると、70歳代以上が40％を占めている。

若い人たちが、働きたい、経営者になりたいと思えるような業界にならなければ、建設業界はどんどん先細っていくしかない業界だと言わざるを得ないのではないだろうか。

# 04

# 新・建設業への構造転換で問題を解決し、未来を切り開く

公共工事の削減による売上高の減少、人手不足、後継者不足による事業の継続の困難化など、ここまで見てきたように、地域における建設業界を取り巻く環境は非常に厳しい。先行きも決して明るいとはいえないだろう。

そうした現実に日々直面させられている建設会社や工務店の経営者のなかには、「もう自分の代限りにしよう」という諦めに似た感情を頭の片隅に抱いている人もいるかもしれない。

しかし、いま一度じっくりと考えてみてほしい。

「いま、直面している問題は、本当に解決することができないのか」と。

解決策はあるのだ。

もちろん、一企業の力で公共事業を増やすことはできない。しかし、売上を増やすことはできる。その第一歩となるのが、「創注型」の新・建設業へと構造転換することだ。

## 自ら需要を生み出す

創注型とは、その名のとおり「注文（＝需要）」を自ら「創造する」ビジネススタイルだ。

従来の建設業界では、公共事業であれ民間事業であれ、発注者側が企画したものをつくることが中心だった。そうしたビジネススタイルから脱却し、自ら企画したものをつくることを事業の軸に据えるわけだ。

そこで重要となってくるのは「企画力」だが、これまで専ら受注型ビジネスで生きてきた企業の場合、企画力を高めろといわれても、何から手がければいいのかわからないというのが本音だろう。

そうした疑問への一つの回答として、前出の矢部客員教授は「半建＋半X」というキーワードを挙げる。

## 「半建＋半X」というスタイル

「『半建＋半X』とは、建築業だけの〝一本足打法〟ではなく、他の事業や業態を取り込んだり、時には他者と連携したりしながら経営していくものです。『X』には、不動産業、宿泊業、リフォーム業といった建築と親和性のある周辺産業だけでなく、あらゆる産業を視野に入れ、アイデアやノウハウを持った人が垣根なく入り得ます」

例えば、近年、各地で民間や公共の建物をホテルや宿泊所に業態転換するプロジェクトがしばしば行われている。建設業者にとっては、収益を得る貴重な機会だが、従来の建設業オンリーの業態では、建てれば終わりだった。新たなプロジェクトが立ち上がるのを待つか、別のプロジェクトに加わることでしか、売上を得る手段はなかったのだ。しかし、「半建＋半宿泊業」の新・建設業であれば、どうだろう？

ホテルや旅館を営む資格や人材、スキルを自社で有していることが大きな強みになるはずだ。もし現時点で自社にそうした資格や人材が不在でも、日ごろから仕事上の付き合いがある人脈を頼り、そうした周辺ネットワークと協業することで宿泊業を営むこともできるだろう。

## 建てて終わり、ではなくなる

自ら設計や建築を行うだけでなく、その後のホテル運営も自社や関連会社・組織で担っていくことで、何が起きるか。建てて終わり、ではなくなるのだ。設計・建築時にはまとまった収入、利益を得たうえで、以降のホテル運営によっても継続的に売上を得ることができるのだ。

他にも、宿泊業で多額の利益が見込める年には、建築業で使う高額の機材を新たに購入して損益通算し、節税効果を高める、といった方法も考えられるだろう。

こうしたことができるのも、建築オンリーから「半建＋半X」に業態転換し、多業種展開するようになったメリットといえよう。

## 「地域の課題」を捉える。Xには際限がないと心得る

「半建＋半X」を成功させるには、適切な「X」を見出すことだが、「その際には地域の課題に目を向けることが何より重要」と矢部客員教授は強調する。

「例えば、『買い物難民』や『給油難民』の問題を抱えている地方都市は少なくありません。進む高齢化や運転免許の返納、さらに後継者不在や売上減少に伴う小売店やガソリンスタンドの廃業などが相まって、自力で日々の買い物や給油を行うことが困難な人々が増えているのです。こうした課題解決に向けたさまざまなアイデアや企画提案をすることが、いま地方の新・建設業者には求

められています」

一例では、「地域の商業施設を改築し、周辺で閉店が続く小売店やガソリンスタンドを併設した施設にリニューアルオープンする」といったものだ。

この場合、新・建設業の会社としては「半建＋半小売り」に進出できる。さらには、施設までの往復が困難な家庭向けに、タクシーや乗り合いバスを運行すべく「半建＋半小売り＋陸運」といった業態転換もできるかもしれない。

## 地域ごとの「X」は何か？

当然ながら、地域ごとに抱えている行政の役割を地域の「経営」と捉えれば、公共サービスの提供における問題やその背景は、まさに地域経営課題である。

地域経営課題は地域によって異なる。「少子高齢化」「若者の地方離れ」という、〝共通項〟といえるキーワードはあるものの、それだけによって課題克服の絵図を描くことはできない。

保育施設が不足している地域、水道といったインフラの老朽化や維持が喫緊の課題となっている地域、バブル期に建てられた運動・文化施設の維持困難に直面する地域、かつてはたくさん訪れた観光客の減少に悩む地域……。地域が直面する問題、その背景にある課題はエリアごとにさまざまで、しかもまばらに、徐々に表れる。しかも一つの問題の背景には複数の課題がクロスオーバーしている。

そうした地域の課題解決に優先順位をつけ、具体的な解決法を提案、実行していく旗振り役こそが、これからの地方を担う新・建設業だ。

旧来の建設業から新・建設業への脱皮を図る意味でも、まず取り組むべきは地域の課題発見といえよう。その試行錯誤の中から、次章以降で詳述する「創注型」のビジネスが生まれていく。

官民連携事例集❶｜愛知県名古屋市

# 商店街を復興させ、エリア全体を活性化する

空き店舗の再開発を専門に行う機関を設立したことで、
オーナー、借り主、地域、ユーザーのすべてにメリットが

## プロジェクトの背景

名古屋駅から徒歩8分ほどの「那古野エリア」にはアーケード付きの二つの商店街や江戸時代からの街並みが残る「街並み保存地区」があった。商圏ができた1964年当時は、飲食・娯楽関連の多くのテナントがあったが、名古屋駅に近い「名駅3丁目飲食エリア」などに顧客を奪われていく。2006年には商業テナントは64年当時の2割程度にまで減少。関係者が危機感を強くした08年、地縁者、建築家、大学、企業が集まり、まちづくり団体「那古野下町衆」を組織。さらに空き店舗の再開発を行う機関として「ナゴノダナバンク」が09年に発足する。空き店舗のオーナーの負担を極力減らし、かつ出店希望の借り主の意にも沿えるよう、ナゴノダナバンクによる直営、オーナーと借り主のマッチング、サブリースなどの多彩な運営・賃貸方法を提案。次第に賃貸を希望するオーナーを増やしていった。

衰退していた旧市街地の店舗を少しずつ活性化させることで、エリア全体ににぎわいを取り戻していく。地価も上昇し、現在では出店希望者を抑制するほどの勢いに達している。

## ここが成功のポイント

- 地縁者、建築家、大学、企業等の連携を深めた
- 空き店舗の再開発を専門に行うナゴノダナバンクの設立
- サブリース、直営、マッチングという豊富な利活用提案
- 再開発による地価上昇と出店希望者増

# 第2章

# 地域の課題を発見・解決する

## ―これからの建設会社が果たすべき役割とは―

地域の建設関連企業が新・建設業に転換するには、いったい何からはじめればいいのだろうか。

その第一歩は、地域ごとに求められる「都市経営課題」の発見とその解決に貢献できるか、という視点と姿勢を持つことである。

# 01

# 地域の建設会社は「新・建設業」への転換を目指せ

第1章でも述べた「新・建設業」のあるべき姿や役割について、本章でさらに掘り下げていこう。

いわゆる地方の建設会社、工務店は、1999年をピークにその数は減少を続けている。

ちなみに、2011年3月11日に発生した東日本大震災で復旧需要が盛り上がり、建設会社の仕事が急増した。その結果、厳しい言葉になるが、「本来潰れるはずだった」建設会社が生き残った例も多い。今後、東北の復興がハードからソフトへと転換していく中で、そうした企業の淘汰も進み、地方の建設会社、工務店はさらに厳しい状況におかれることも考えられる。

## これからの社会状況やニーズに乗れるか

14年に東京大学大学院教授（当時）の松村秀一氏らが記した『2025年の建築「七つの予言」』という書籍がある。

同書は、現在の建設業界を悩ませている職人不足や建築、住宅ストックの増加、つまり空き施設や空き家の増加を文字通り「予言」している。さらに、使い手や住み手のリテラシーが上がることで、施設や店舗、住宅の仕様なども変化することを予想していた。

そのうえで、既存施設や住宅の有効利用、新たなユーザーニーズに対応できる建築技術や工法、さらには地域再生などで仕事の幅を広げていきたいと考える地方の建設会社関係者などに向け、今後の心構えや着眼点について示唆した一書である。

「七つの予言」に記されたことは、多くがすでに現実のものとなっていることもあれば、あるいは近い将来ほぼ確実に実現するであろうことが明らかになりつつもある。建設業界としては、そうした時代の変化に対応できる体制を整える必要があるというのが、私たち地方創生まちづくりネットワークの見解だ。そのための一つの解答が新・建設業への転換であり、それを実現するには、従来のような「待ち」の姿勢ではダメだということは第1章でも述べた。とりわけ、公共事業のように誰かが創った仕事を受注して、それを他社や職人に出していくだけの〝商社的な〟会社は、真っ先に生存競争から脱落していくはずだ。生き残るには、自ら仕事を創り、実践する力をつけなければならない。

## 今ある技術をベースにすればよい

このように記すと、「ウチにはとてもではないが、新時代のニーズを細かく把握し、それに臨機に提案、対応できる技術も人もない」と諦め、嘆く経営者もいるかもしれない。しかし、大げさに考える必要はない。これまで地域に貢献してきた会社の技術や信用、人員をベースに、新たな「何か」を見出して付け足していけばよいのだ。

## 建設業は地域経済の担い手

新・建設業への転換に際して、とんでもなく高い障壁があるわけではない。大切なのは、「0」を「1」にすることではなく、「1」を「2」や「3」に積み上げるためにどうすればいいのか考えることだ。画期的な転換や発明が必要なのではない。これまで培ってきた技術や資産を大事にして、地域で求められる課題解決のための企画や人、資格といったものを付加していけばよいのだ。

地方で建設に従事してきた人なら多かれ少なかれ実感していることと思うが、地方にあっては都市部より一般に建設業、業者への信頼は厚い。建設業界が地域経済の中心的な担い手である地域はいまだに多く、存在感も大きいからだ。そうした点を最大限利用することも必要である。

# 02

## 地域課題を解決する担い手になることができるか？

新・建設業への転換を図るうえで、重視すべきポイントの一つがそれぞれの地域の「都市経営課題」の発見とその解決を図る担い手になれるかである。第1章で述べたように、予算制約などで公共事業がシュリンクしていくことは紛うことなき事実である。しかし、どれだけ公共事業が削減されても、ゼロになることはありえない。住民が存在する以上、自治体は公共サービスを提供し続けなくてはならない。

だからこそ、いま、その地域に必要な「公共サービス」とは何か。それはどのような形で提供されるべきなのかを考え、官民の境目や業態や役割の境目を超えた最適な役割分担や費用按分が提案され、実際に設計や施工をすることをイメージするべきなのだ。
それは行政の役割ではないか。
そう考える人も多いだろう。実際、これまではそうだった。

## 民間が公的サービスの提供者に

しかし、詳細は第3章で述べるが、もはや公共サービスを「官」だけに頼ることはできない。官と民が連携したり、場合によっては民間同士が協業したりすることで地域社会、地域住民に必要な公的サービスを提供する場面が今後は増えていくことだろう。

また、こうなると「官」の役割は公共サービスを提供する「サービスプロバイダー」から、民間を含めた多様な主体が提供する公共サービス、公的サービスの提供が最適に行われるように環境を整える「マネージャー・オブ・サービスプロバイダー（公共サービス提供者のマネジメント）」に変わっていく。「だからこそ、新・建設業としての事業の可能性が大きく広がる」と前出の矢部客員教授は指摘する。

## 稼ぐ力をつけ稼ぎを地域の課題解決に生かすことが求められる

いささか言葉遊びのようだが、旧来の公共事業をただ「待つ」受注の姿勢と、新たなユーザーニーズを発掘し、地域課題解決のための公共サービス・公的サービスを提案、提供する仕事を「創注」していく姿勢は大きく異なる。

加えて、この先は発注側である「官」の事情、やり方が変わる。その最大の理由が税収不足だ。高齢化による担税力（税を負担する能力）の低下や不動産需要の低下による固定資産税の減少など、地域が公共事業、公共サービスを提供し続けるための原資である税金を従来と同じように確保する見通しは暗い。これまでよりもはるかに低額の予算の中で、行政は公共サービスを維持していく必要に迫られている。

そうしたなか、いわゆる「官民連携」について、政府の推進方針が「徐々に」ではあるが強化されつつある。

## 公園も官民連携の対象に

その一例が公園である。かつては公園で「営利事業をするなどとんでもない」という姿勢が専らだったが、昨今では法改正もあって、「稼ぐスキル」を持った民間の事業者に管理業務を請け負わせている。民間事業者は収益の一部を公園の維持管理費に充てているのだ。

こうした動きも、新・建設業のビジネスチャンス拡大につなげられるはずだ。これまでのように建設会社として新しい公園を効率的に造成するだけでなく、設置された後も、公園および公園内に新たに導入した各種施設などを運営するといった形で売上を得ることもできるのだから。

元国土交通省土地・建設産業局長、内閣官房地域活性化事務局長で、現在は麗澤大学客員教授を務める内田要氏は各地の官民連携プロジェクトの実情に詳しい。また、各プロジェクトを中心になって推進してきた地方の企業や人物とのパイプも太い。

## 地域の課題発見、解決に官と民の垣根はない

内田氏は、公共サービスの継続的な提供をどうするかなど、さまざまな地方の課題発見と解決のためには、従来の形にこだわったり縛られたりする必要はないと指摘する。

「各地がそれぞれ抱える課題の解決方法には、いくつかのパターンがあるのは確かですが、その解決にあたって『型』にはめる必要はありません。ただし、うまく解決するには欠かせない条件がいくつかあります。まずは『その地域に根差している人々』が中心的な役割を果たすこと。具体的には地元で建設業や

不動産業に携わる人々もその候補ですね。課題解決のエンジンとなる担い手は意外と多く、他にも役所の人間やボランティアはもちろん、農林水産漁協や郵便局、地銀をはじめとする地域金融機関、地方メディアで働く人なども大きく貢献してくれるでしょう。こうしたアイデアと実行力を持つ人たちを巻き込んでいくことで、よりよい解決方法が見えてくるはずです」

その際に、どこまでが官の仕事でどこからが民の領域か、線引きをする必要はなく、公共サービスは「行政が非営利でやるのが当たり前」という既成概念は捨ててかかる必要がある。各地方が抱える課題――地域ごとのX――に応じて、臨機応変に役割分担をすべきだと内田氏は指摘する。

## 江戸時代の街普請に見る公共サービスの原点

じつは公共サービスは行政が提供するものという考えが固定化されたのは、比較的最近になってからのことだ。歴史をさかのぼれば、江戸時代の街普請では、町人たちが大きな役割を担ったといわれている。例えば、大阪の街造りでも、豪商や名もない庶民が寄付をしたり汗を流して働いたりしたことで、多くの運河や橋が造られ維持されてきた。

時代が下っても同様の例があり、東京の日比谷公園は民間主導で設計、造園され、長らく同公園内で洋食レストランを営む「日比谷松本楼」の売上によって維持管理がなされてきた。

このようにかつては珍しくなかった民間主導の公共（公的）サービスの提供は、自治体の財政悪化によって今後はますます増えていくことが見込まれている。そうなれば、新・建設業に携わる人々が活躍する場面も増加するだろう。

この地域の課題解決にはどんな公共（公的）サービスが必要か、自分たちはそれにどういう形で関わっていくことができるのかを考えることで、新・建設業としてのビジネスチャンスが広がっていくはずだ。

# 03

# 地方創生と新・建設業に欠かせない4つの力とは

内田氏は、地方の課題を発見・解決するためには、プロジェクトに携わる企業や団体、個人の実行力が何より大事だという。そして、実行力を十全に発揮させるためには、強い組織力を持つ公共団体がしっかりと存在していることが大きな条件となる。

「首長や公共団体が『地域のこの課題を解決する』という明確な意思を持ったうえで、官民問わず企画力や行動力のある人々を巻き込み、一種のプラットフォームをつくる。これが第一歩です。その際に大切なのは、人や組織の壁をつくらないことです。地域に根付く組織や人が入ることはもちろん、『若者、ヨソ者、バカ者』が入っていてもよいでしょう。ちなみに『若者、ヨソ者、バカ者』は文字通りの意味ではなく、既成概念を壊しブレイクスルーをもたらす一種のカリスマ的な人間のことですが、彼らだけでは地域の課題解決のためのプラットフォームとはなり得ません」

テレビや新聞などのメディアで地域の課題解決の成功例が取り上げられたとき、その中心人物としてカリスマ的なキーパーソンにスポットライトが当てられていることが多い。そのため、そうした人物に心当たりがない場合では、課題解決の実現は難しいのではないかと尻込みしてしまうケースも少なくないという。

しかし、「ふつうの人々」の知恵と努力で解決できた例もたくさんあると、内田氏は強調する。

## イコールパートナーシップを築く

新・建設業は、プラットフォームに集まるさまざまな分野を得意とする仲間と対等の立場で、地域ごとのXの発掘や設定、企画と実行に当たる。

自分たちだけでは乗り越えることが難しいハードルがあるときはプラットフォーム内の専門知識を持つ人が知恵や力を出し合う。その際に大切なのは、地域の改題を解決して目指すべき示されたゴールに向かって、皆が主体者であるという意識を持つこと。プラットフォームに立つ皆が主体者という意味において「対等」であることだ。

## 固定化した上下関係から抜け出す

官民連携というと、官主導のもと民が協力すると誤解される傾向がある。とくに建設会社など官主導の公共事業に携わってきた歴史が長い企業、業界ほど、官が上で民は下という意識を抱きがちだが、そうした固定化した上下関係から抜け出せない状況で行われたプロジェクトはだいたい失敗する。

時と場合に応じて、官が主導することもあれば、民が牽引役を務めていくことで、はじめて課題解決を成功させることができるということを心に留めおくべきだ。

## 課題の発掘から解決にむけた取り組みの実行に必要な4つの力

首長や公共団体が『地域のこの課題を解決する』という明確な意思やビジョンを示す、その手前に不可欠な活動はマーケティングだ。それは自分たちの地域を自分たちにとってよりよい環境、場所にするためにはもっと何をすればよいか、という問題の発見と集約のプロセスである。

そして問題意識を共有し、その背景にある課題を見つけ出し、それを解決するためのアイデアやチームを築くために、先ほどのプラットフォームを組むのだ。そしてプラットフォーム自体が、あるいはそこに集まるメンバーの中から課題の解決を図る主体となる実行チームを組成し、具体的な方策のプランニングに入る。

さらに具体的に実行するための資金調達（ファイナンス）や事業の計画を組み、体制をつくって計画を実施する。

整理すると、

①マーケティング（問題の認識と背景にある課題の発掘）
②プランニング（課題と解決法の設定）
③ファイナンス（最適な資金調達）
④オペレーション（課題解決のための実行）

地域の課題を解決するための策を具体化するまでには、おおむねこのような段階があると考えられるが、これはあくまでモデル的な説明だ。新・建設業への転換を目指す者は、プラットフォームの一員として、さらにはそれを牽引するリーダーとして①〜④のプロセスに積極的に携わるべきだ。

ちなみに、地域の課題を発見・解決するのが新・建設業の大きな役割だから当然といえば当然だが、この４つプロセスを進める力は、新・建設業を目指す上で必要とされる要素でもある。

無論、新・建設業者が①～④のすべてに長けているに越したことはない。ただ、仮に脆弱な要素があったとしても、先述のように行政、多様な専門分野を持ち、地域の課題を解決するためのプラットフォームに参加するプレイヤーがお互いに補完し合うことで、課題解決は現実化するのだ。

新・建設業を目指すなら、①マーケティング力、②プランニング力、③ファイナンス力、④オペレーション力に磨きをかけるべきである。

**【マーケティング】**

例えば、①のマーケティングについては、総務省が提供する「ＲＥＳＡＳ」（左ページ）というサイトを活用するのもいいだろう。自分たちのまちの全体像について、さまざまな観点から俯瞰して見ることができる。

## 地域のマーケティングに役立つ「リーサス」とは

リーサス（RESAS）とは地域経済分析システムとも呼ばれ、産業構造や人口動態、人の流れなどの官民ビッグデータを集約し、可視化するシステムのこと。自治体を支援し、地方創生を促進するための情報を提供することを目的に、まち・ひと・しごと創生本部によって、2015年4月から提供されている。

「人口」「地域経済循環」「産業構造」「企業活動」「観光」「まちづくり」「雇用／医療・福祉」「地方財政」の8マップに81のメニューが用意されているので、さまざまな観点から、その地域の実態をデータにもとづいて把握することができる。

さらに、データごとに複数の地域を比較することができるので、地域ごとの特色や課題を知る手がかりにもなる。つまり、マーケティングツールとして活用できるのだ。

企業間の取引データといった機密性の高い情報を除き、サイト上のすべてのデータを誰もが無料で閲覧することができる。マーケティングに割く人的、経済的リソースが乏しいことが多い中小の建設業者にとって、力強い味方となってくれるはずだ。

ウェブサイト内にオンライン講座を設けており、基礎的な操作法からデータを活用した分析法までeラーニングで学ぶことができる。受講料は無料。試しに一度触れてみてはいかがだろうか。

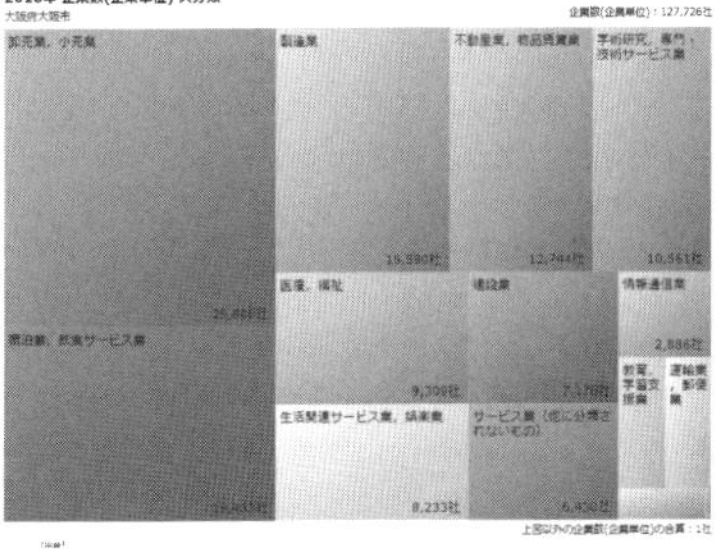

リーサスのホームページ（https://resas.go.jp/#/13/13101）からは、さまざまな地方自治体のデータを確認することが可能。右の画像は大阪府大阪市の産業構造マップ。業種ごとの企業数や従業員数、売上高などもチェックできる。

他方、自分の足と嗅覚を使って行う「エリアマーケティング」といった手法も組み合わせるべきだろう。

「過去を表す」数字だけで理解しようとするやり方ではわからない、「現在の」人の流れやまちを歩く通行人の目線の先にあるものを、同じようにその場所に立ち、その場所を歩くことで知る。その場所でこれから求められていくと思われるコトやモノを理解する方法としては有効である。

行政の都市計画や公共施設等統合管理計画に目を通すことも、大きなヒントになるはずだ。全体と部分、双方からのアプローチを組み合わせたい。

**【プランニング】**

続く②のプランニングは、地域課題解決の肝ともいえる。

例えば、図書館の利用者減が課題の場合、施設をリニューアルするだけでなく「図書館＋カフェ」「図書館＋運動施設」といった集客効果を高める施設や場の企画を立てる作業である。

さらに、そうした「場」の展開を考えるとして、そこに参加する店舗や企業をどうするかも検討の要点となる。例えば商業施設にいわゆるナショナルチェーン店を入れれば、ブランド力による高い集客効果が見込める半面、撤退の判断も早い。

なるべく地元資本の企業を優先することを基本姿勢としたいが、地域の課題を解決し活性化を図るという目的に照らせば、人を惹きつける魅力を備えたコンテンツを発掘する力が求められる。企画はもちろん、住民ニーズや実現可能性などを広く考慮したものでなければならない。このあたりは①のマーケティングに基づき、④のオペレーションに関わる話と合わせ、第3章の事例を通じて詳しく述べることにする。

## 【ファイナンス】

③のファイナンスについては第6章で詳述するが、事業を組み立てるにあたって資金をどのように調達するか。例えば行政からの補助金を使うか使わないか、使う場合はどの範囲に使うのか。資金調達する場合に自己資本と借り入れの組み合わせや期間、金利はどうするのが最適か。これからのことを熟考して判断する。

一方で、事業の規模をどうするか。例えば、施設の入場料収入や人件費などを考慮し、無理のない事業計画を立てる必要がある。

## 【オペレーション】

最後が④のオペレーションだ。企画した事業を進める上で最も重要なことは人材とコンテンツの確保だ。

いかに地域住民のニーズや地域資源を生かす事業を考えたとしても、それを実現するのは人の力だ。しかも効率的な業務を行うための施設や設備が備わらなければ事業は絵に描いた餅に終わる。

繰り返すが、新・建設業に必要な4つのプロセスを推進する力、条件と地域課題解決のための要素は共通する。

# 04

# 地域に必要なものを地域でつくることで課題解決を図る

再三述べてきたように、地域ごとに抱える課題はさまざまで、課題解決の道筋も千差万別であるべきだ。「うちの地元は課題山積で、このままでは衰退していく一方だ」と嘆くのではなく、「こんなに課題があるのだから、自分たちのビジネスに結びつけられるものも少なくないはず」と考えてみてはどうだろう。そこから新たな事業が生まれてくるはずだ。

「地方には課題が山積みです。しかし、その分、課題解決に関わるプロジェクトは産業として伸びていく分野でもあります。各地の課題解決プラットフォームが排外的にならずオープンであれば、類似のプラットフォームに関わる同士で広域での連携も可能です。それによって公共性を高めたり、福井県鯖江市のメガネフレームのように地域の中心産業をグローバルに展開したりすることも可能かもしれません」（内田氏）

## 課題解決の主体と方法は多種多様

地域の課題解決という活動を産業化していくに際して、その活動は官主導、民主導などさまざまな形があってもよいし、むしろそうあるべきだ。つまり問題解決の主体と方法はケースに応じて異なってよいということである。

多様な主体が存在することはよしとするものの、その前提は自立的な主体であるということだ。

「基本的に地域課題の解決を担う組織は自立できることが大前提です。取り組む事業の採算性はもちろんのこと、持続性を高めるために必要であれば、施設などの運営主体を株式会社化したり一般社団法人化したりするのも一例です。

また監査やアセスメントにも気を配らなければなりませんが」（内田氏）

## 課題が多い地域ほど、チャンスも多い

新・建設業として地域課題解決に取り組む際に理解しておくべきことは、「地域に足りないものがあれば、自身を含めた地域の住人が活躍できる余地がある」ということでもある。つまり、課題の多い地域ほど、チャンスも多いというわけだ。

新・建設業へ転換することは、自らの利益を高めながら地域の利益に貢献することである。

地域に必要なものを地域でつくることを通じ、地域内に新たな経済的、社会的活動をおこし、地域に新たな人々を集め、地域にお金が落ちる流れを創り出す。多くの自治体が財政難に喘いでいる状況にあるいま、ここは非常に大切な

ポイントといえる。

また、地域の経済活動が活発化することで場の価値が上がれば、地方行政の自主財源の4～6割ともいわれる固定資産税と都市計画税などの増収にもつながり、回り回って自ら地域の自立に貢献することにもなる。もちろんその手前において自社の売上が伸びることは言うまでもない。

待っているだけの受注型から、自ら企画提案し実行する創注型へ。

新・建設業への転換は急務である。

官民連携事例集❷ ｜ 山梨県甲州市

# 地場産業を盛り上げ、甲州ワインのブランド力を強化

地場産品のワインがキラーコンテンツに。観光、新規開業、インバウンド対応、輸出強化などにつながる

## プロジェクトの背景

甲州市では、地場産品への再注目と折からのワインブームも追い風に、「ワインツーリズム」の提案・実施に成功した。2005年、市は廃線により使用されていなかった明治36年建造の鉄道トンネルを整備し「勝沼トンネルワインカーヴ」としてメーカーや個人に有料で貸し出し、地元産ワインを販売する名所として認知を高めた。同じく市が運営する「勝沼ぶどうの丘」（宿泊施設＋ワインレストラン）は、年間60万人が訪れる観光名所となっている。さらに市は、「甲州市原産地呼称ワイン認証制度」（市内の18社、119銘柄が認証取得）を設け、甲州ワインのブランド力強化も図った。

一方、民間側は一般社団法人ワインツーリズムやメーカーが主体となり、消費者がバスで市内のワイナリー巡りができるワインツーリズムを実施。16年11月には1カ月で2500人が参加するなど好評を博している。さらに、半導体工場を醸造所に改築するワイナリーが現れたり、ロンドンでプロモーションを行ったりするなど、官と民がそれぞれの持ち味を生かした地場産品活用の道を模索中だ。

## ここが成功のポイント

- 行政が整備した施設を民間がうまく利活用する仕組みづくり
- 認証制度やツーリズム実施による長年のブランド強化策が実る
- 観光だけにとどまらず、ヨーロッパなどへの輸出促進など、事業そのものの強化にも注力

# 第3章

# 官との連携でビジネスチャンスが大きく広がる

## ―新・建設業におけるPPPの可能性―

行政と民間企業が協力して公的サービスを提供する官民連携プロジェクトが全国各地で行われている。

そこに参入できるかどうかが、新・建設業に携わるものの未来を大きく左右する。官民連携が新・建設業に与える影響とは?

# 01

# 官民連携なくして、地域の未来はありえない

本章では、「官民（公民）連携」という新潮流について、私たち地方創生まちづくりネットワークならではの視点から解き明かしていく。

第2章などでも触れたように、国や自治体が公共サービスの提供に投じることができる費用の源泉である税収の増加は見込みにくく、そのうえ公的扶助費の増加は現実的な問題だ。そのため、公共施設の整備などを考える際、今後は民間の力、具体的には人、モノ、カネを導入していかざるを得ない。

こうした社会的な背景から生まれたのが官民連携（PPP,Public Private Partnership）だ。

公共施設の整備や再編といっても、その形態はさまざまだ。

例えば、施設の建て替えや利用方法（用途）の転用もあれば、また南地区と北地区に一つずつあった公民館の機能を新設の中央公民館に集約し統合するといったこともあるだろう。

さらに、自治体の壁を越え、水道やごみ処理といった施設を統合する広域での連携なども考えられる。

こうしたさまざまな公共施設整備の中に民間の力を導入し、官と連携して公共サービスを提供していくというのが官民連携の姿である。

## 「PPP」と「PFI」とは？

官民連携（PPP）について語るとき、「PFI」という用語がしばしば同時に用いられる。

両者はほぼ同義と捉えられている向きもあるが、PPPとは官民連携というあり方、概念を指す一方で、PFIは、「プライベート・ファイナンス・イニシアチブ」、民間資金等活用事業と訳される仕組みのことだ。

左ページの図にも示すが、ＰＰＰは官民連携で行われている事業を示す広い意味での概念であり、その具体な手法の一つがＰＦＩといえる。

２００2年、小泉内閣の下で「民間でできることはできるだけ民間に委ねる」という方針が示された。ＰＦＩ法の制定は１９９年だが、実質的にはこの02年がＰＰＰ元年といえよう。

「民間でできることはできるだけ民間に委ねる」という原則の下、種々の形で官民連携や公益事業の民営化が進められた。ＰＦＩはもちろん、後述する指定管理者制度や第三セクターもＰＰＰの一つの形であり、さらに幅広く捉えれば郵便事業や国営鉄道、専売公社などの完全民営化もＰＰＰの一部と見なすこともできる。

前出の矢部客員教授は、「ＰＰＰがＰＰＰであるためには二つの大原則がある」と指摘する。

## 行政と民間が連携して公共サービスを提供する

これまでは行政に一任されていた公共サービスの担い手に民間事業者を迎え入れ、官民がそれぞれの強みを生かすことによって、公共サービスの最適化を目指すのがPPPの目的だ。

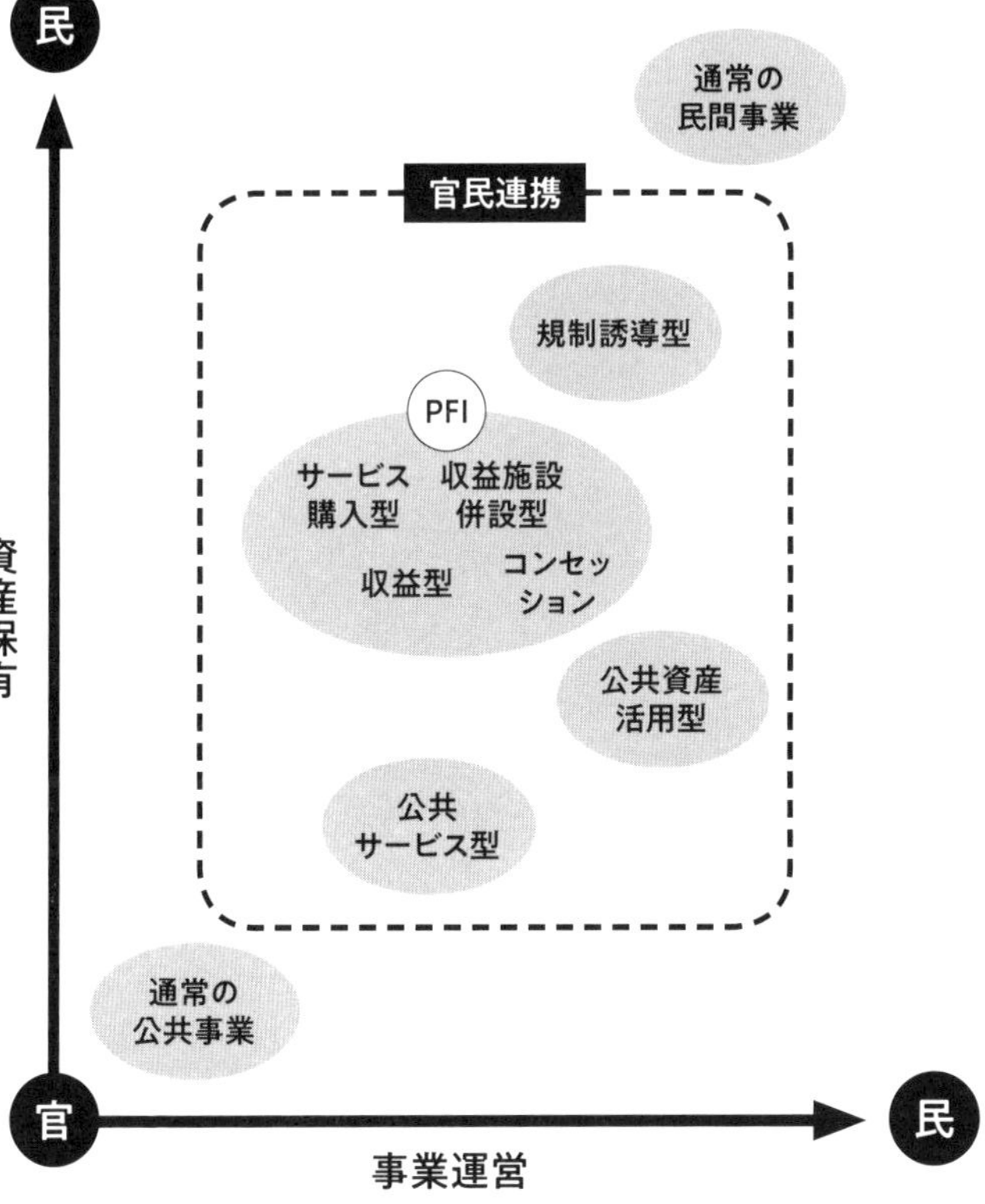


※上記はイメージであり、実際は事業により異なる　出典：「PPP/PFIの概要」（内閣府）を元に作成

「一つがリスクとリターンの設計がなされているか。もう一つが契約によるガバナンスが行われているか、ということです」

## ＰＰＰに欠かせない二大原則

一つ目のリスクとリターンの設計とはどういうことか。

例えば、建設工事中に地震や台風などの自然災害に見舞われたとする。その際、「どの程度の規模の災害なら、どのくらいの損害を被るか」を確率論に基づいて定量化できるもの、それがリスクというわけだ。

言い換えれば、「不確実だけれども、起こる確率とそれによる影響が推計できるもの」でもある。

そして、万が一想定したリスク事象が顕在化して損害が生じたときに、その補填をどちらがどんな割合で負うのかといったことをあらかじめ設計する必要がある。

リスクの設計に加え、「事業で得た収益を、官と民のどちらがどんな割合で分け合うか」や「どのような目的に還元するか」などリターンの設計をする必要もある。

ここで大事なことは、リターンをあらかじめ設計するためには明確でかつ合理的な事業計画が必要である、ということだ。

民間事業では当たり前の計画だが、甘い見通しに基づいて立てられたものでは事業自体の存続にも関わる。

## 契約によるガバナンスが欠かせない

そして二つ目の原則、契約によるガバナンスである。

一つ目の原則に従ってリスクとリターンの設計がなされていても、例えば想定外の事象が起きた際や、計画通りに事が進まない際の事業内容の見直しに関する取り決めなどが確実に実行されるためには「契約」は必須。更に言えば、契約によるガバナンスが機能していなければ、そもそもパートナーシップは成り立たない。

先ほど、第三セクターも広義ではPPPの一種と述べたが、「3セク」と聞くと経営破綻しやすい事業体、といったイメージを持つ人も少なくないのではないだろうか。

しかし3セクという事業体のあり方や仕組みに課題があるのではなく、うまくいかなかった3セクはまさにこの二つの大原則を踏まえていなかった。つまり、そもそもの事業計画上の需要見通しの甘さや、あるいは想定収支に届かなかった際の責任分担といったリスク設計が曖昧なままに運営されていたのだ。

## ガバナンスの不徹底が失敗を招く

例えば鉄道の維持などの事業を3セクで行う際に、万が一計画した売上に届かず赤字が生じたときに、誰がその補填をするのかという問題。

その場合、地方議会では「追加のお金を出すべきか」「いや出すべきではない」「そもそも出せる余裕がない」などと議論が紛糾する。

最初のうちは渋々ながら損失補填していた行政も、青天井に税金をつぎ込むことなどできない。やがて膨れ続ける赤字に音を上げ、その結果、デフォルトに至るという失敗例が全国で見られたのだ。

こうした失敗の根源が、まさにリスクの設定やそれに基づくガバナンスの不徹底にあったと考えられる。

## 02

# 官民連携における理想的なパートナーシップとは

もう少し官民連携の意味やその変遷などについて学んでおきたい。

第1～2章でも述べたように、地方自治体の財政は厳しく、義務的経費がどんどん増える中、投資的経費に回す余裕がなくなり、その割合は全国の地方自治体の平均では15％程度にとどまっている。

そこで、「民間業者にも公共（公的）サービス提供を担ってもらうための環境をつくり、持続的な公共サービスの提供を実現する」というのが、行政側から見た官民連携への期待といえるだろう。

ところが、実際に取り組むにあたり行政側が問題視するのが、サービス品質について、である。従来的、ステレオタイプ的な視点で「民間企業はいかに多くの利益を得るかにしか興味を示さないので、より多くの利益を得るためにサービスの品質を下げかねない」「想定の利益が得られなければ簡単に撤退してしまうのではないか」という見方を持っている行政マンはいまだに少なくない。だからこそ先ほどの「リスクとリターンの設計」、「契約によるガバナンス」が重要になってくるのだ。

## 「官主民従」の改善が必要

少し話がそれるが、その是非はともかく、多かれ少なかれ日本の産業政策や都市計画は官主導で推進されてきた。その経験によって、例えば地域の活性化や産業振興などを企画し推進するにあたっても、官側にも民間側にも知らず知らずのうちに官側のリーダーシップと実行力に頼る、あるいは官の中には自らがリーダーシップを握ることが当たり前と考える、そんな風潮が残っているのではないか。

こうした従来の経験に基づいた官民の関係性の認識や役割分担に関する常識が、官民連携という考え方の下に行われる事業手法の普及を妨げているのではないかと考えられる。

しかし官民連携は、行政と民間企業が対等の立場で協働してはじめて成果を得られるものだ。

極端な例えだが、行政が「官のほうが上」「民間は官の指導なしに公益に資する活動をしない」といった「官主民従」とでもいうべき姿勢では、民間企業が提供する有益なアイデアをうまく生かすことはできないし、そもそも民間側も「お上にものを申す」ことに躊躇して、せっかく斬新なアイデアが生まれても、それを提示することに尻込みしてしまうかもしれない。

官民連携の考え方に立つ事業が増え、その経験が積み増されることで、行政側の意識が「どうすれば民間企業に十分力を発揮してもらうことができるか」という方向に舵を切りつつあるのは歓迎すべき傾向だ。

# 03

# ＰＰＰによる事業普及には、まだまだ課題も多い

75ページに、事業が展開される空間と事業内容によって区分したＰＰＰの類型を示した。

左下が純粋な公共事業で、官が事業の対象空間を示し仕様を決定した上で指名競争入札や随意契約という形式で民間に発注される事業である。逆に右上がいわゆる民間同士の取引による事業を指す。

純粋公共事業と民間取引の間に置いたものがいわゆるＰＰＰの類型である。公共サービス型とは、官が示した事業の対象空間において官の決定した仕様に基づき民間がサービス提供を行う場合を指す。公共資産活用型とは遊休化したあるいは低利用な公共施設の利活用のアイデアと実行を民間に求める場合。

規制誘導型とは民間取引の一部ではあるものの公共（公的）サービスを提供することを目的に規制や逆に誘導的なルールを設定する場合を指す。

## 広がりつつあるPPP、PFIだが、課題もまた多い

例えば多くの自治体が採用している公共施設の「指定管理者制度」は公共サービス型に該当する。

公園や体育館、動物園などの公共施設を、行政側から指定を受けた株式会社や第三セクターなどの業者が管理業務を請け負うわけだが、指定管理者となる民間側から見た場合、動機が高まりにくい問題もある。

一つは期間の制約。多くの場合、指定管理者制度の契約は3〜5年で更新される。この制約があることで、サービス提供の現場実務の担い手に長期の雇用を約束しにくくアルバイトなどの非正規社員を多用することが多くなり、地域への雇用面での貢献も限られてしまうのだ。

もう一つは指定管理者の裁量の余地の問題。入場料がいくらで定休日は何曜日かといった運営上の規定は、最初に行政側で仕様として細かく定めていることが一般的だ。

そのため「顧客ニーズを把握しているにもかかわらず定休日の臨時営業を行う」ことや「繁忙期の料金設定をフレキシブルに行う」といったこともなかなかできない。実行するためには地方議会に諮って了承を得ることが求められたりするからだ。料金の改定なども同様である。

また純粋な民間企業に委託されるのであればまだしも、各地の指定管理者制度を用いた案件の中には「役所が役人OBを使って、役所時代の年棒を参考に算出した人件費に基づく」管理料で行われているようなものもある。

## 04

# 経費削減だけではない、「バリューフォーマネー」の正しい求め方

ＰＰＰの中でも公共施設整備をより効果的に行うためのＰＰＰである「ＰＦＩ」において、導入の効果を示す指標の一つに「バリューフォーマネー」がある。

バリューフォーマネーとは、公共施設整備に際して民間の事業企画と資金調達によって費用効率が高まっているか、提供される公共サービスはより効率的に提供されているかを測る指標、考え方である。

ここでの課題は、民間発注によってサービスの品質は維持しながら事業費を減らす、単なる「経費削減」が主流になってしまっていることだ。

「今後は、同じ事業でも提供価値の高い公共サービスが実現しているかという

ことを証明し、結果として住民サービスを向上させることも目指すべきでしょう」（矢部客員教授）

## 徐々に広まりつつあるＰＦＩ

いろいろな課題をはらみながらＰＦＩによる公共施設整備は広がりを見せつつある。コンセッションも含めたＰＦＩの実施件数および実施状況が89ページのグラフである。18年3月末時点で計666件に上り、件数、金額ともに徐々にではあるが右肩上がりに増えていることがわかる。

ＰＦＩは、単なる公共事業の丸投げではない。基本的には官と民がイコールパートナーとして取り組む試みだ。

法律に基づくＰＦＩは、毎年制度の見直しが行われ、民間にとって活用しやすい環境が整いつつある。

同時に、企画段階から民間のアイデアなどに頼る傾向が増しつつあることで、創注型の新・建設業が活躍できる余地がますます大きくなっていきそうだ。後述する「サウンディング型」のＰＦＩなども今後は増えそうで、ＰＦＩ事業への入札、応札には創意工夫する力を持った企業が活躍するだろう。

ここまで述べたように、ＰＰＰの考え方に基づく公共（公的）サービスの提供、ＰＦＩによる公共施設整備は進みつつある。この流れに加わるために何をすべきかは新・建設業としての今後の展開を左右する重要な知見となる。地域ごとに課題や解決法は異なるにせよ、「どういう組織が、どのような官民連携で課題を解決したか」を知ることや、大きなヒントをつかむことができるはずだ。

そこで、次章からは、官民連携（ＰＰＰ）の先行モデルとして全国的な注目を集める「オガール紫波」の事業プロセスを詳しく解説する。

## 着実に実績を積み重ね続けるPFI

毎年制度の見直しが行われ、民間事業者にとってより活用しやすい環境に改善されていることもあり、PFI は徐々に広まりを見せつつある。契約金額の累計も2017 年には6兆円近くにまで達しているが、今後は伸び幅もさらに大きくなっていくはずだ。

PFIによる事業数と契約金額の推移（累計）

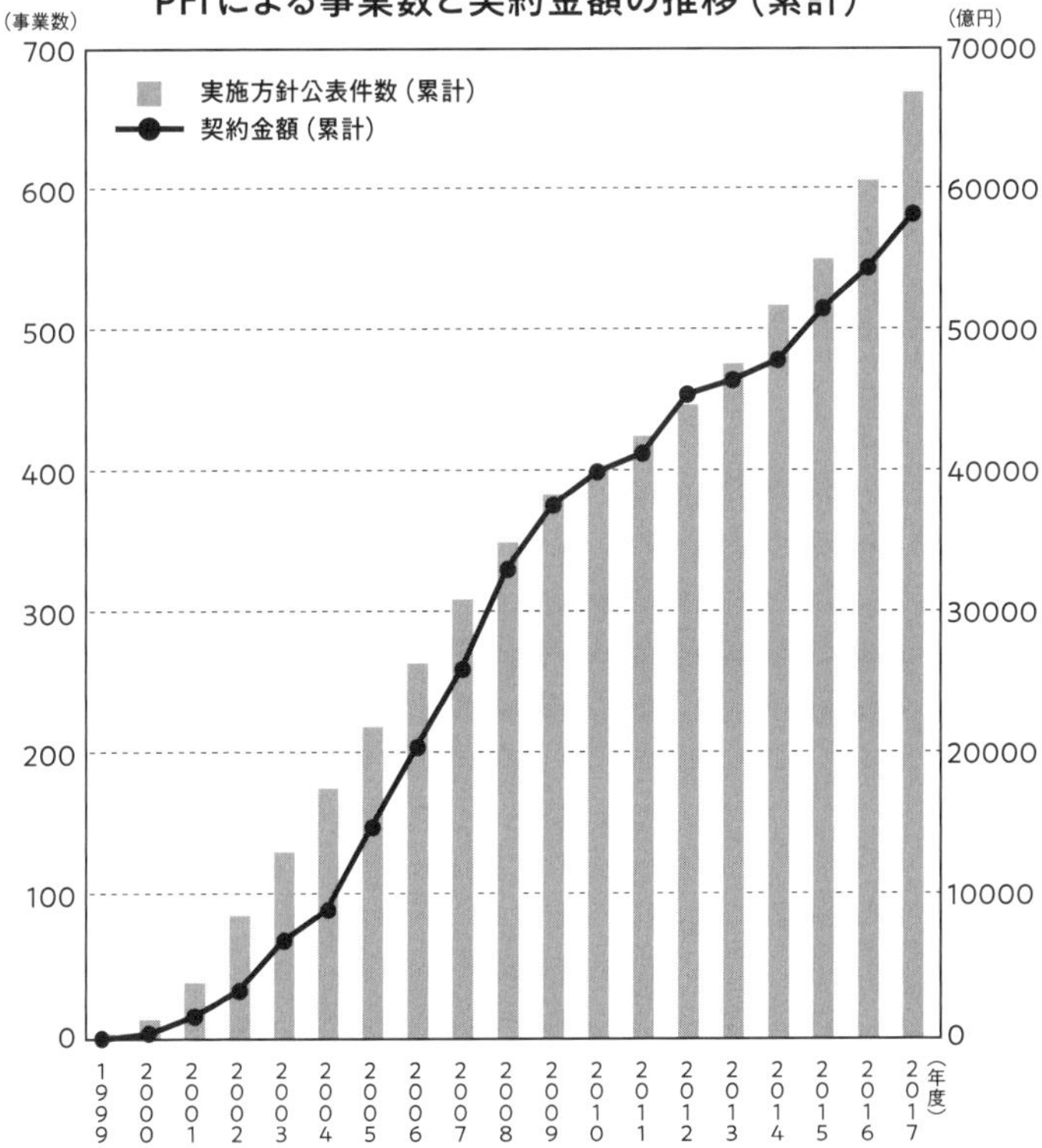


出典：「PPP/PFI事業の実施状況について」（内閣府）

官民連携事例集❸｜岡山県岡山市

# 問屋街の空きスペースを再生し、レトロモダンな新商業スポットに

一度はそっぽを向かれた古びた街並みが、
低層で開放感のあるレトロモダン風の街に一新

## プロジェクトの背景

岡山駅から車で約15分の場所にある「問屋町」は、繊維関連の卸問屋が集積した約13ヘクタールのエリアだ。アパレル業を取り巻く製造販売、流通形態などの変化による空きスペース増加に悩まされていた協同組合岡山県卸センターは、卸売業以外のサービス業や小売業も参入できるように定款を変更した。

卸売業が集積していた問屋町には、もともと荷降ろしのための広い道路が整備されており、倉庫や展示スペースとしての活用を前提にした古い建物は低層で、エリア内には開放感があった。さながらニューヨーク、マンハッタンのSoHoのような街並みがクリエイターや新規出店希望者の心をつかんだ。岡山産デニムを扱うアパレル店やカフェ、雑貨店などが70以上出店。オフィスに転換された元空き店舗もある。現在はエリアの中心にある老朽化した総合展示場「オレンジホール」を解体、跡地を利活用し再生を図るため借地利用事業者を募集中だ。また、岡山市は「起業家塾」を主宰し、問屋町をはじめとする市内で起業する人々を支援し続けている。

## ここが成功のポイント

- 定款変更で、業態転換や新たな利活用法につながる
- 広い道や開放感のあるエリア特性をよく生かしたSoHoのような街、店づくりが賑わいを呼ぶ
- 市も起業家塾を主催し300名以上の卒業生を輩出、民間の試みをサポート

# 第4章

# PPP、PFIに乗り遅れるな!

## ―国が推進する官民連携の新たな展開とは―

官民ともに満足できるPPPを実現するにはどうすればよいのか。

官民連携プロジェクトの成功例として注目を集める岩手県紫波町「オガールプロジェクト」の中心人物・岡崎正信氏に、理想的な官民連携のあり方を聞いた。

# 01

## ゼロから価値を生み出すには

### オガールプロジェクトに見る官民連携の理想のカタチ①

岩手県紫波町は、同県の県庁所在地・JR盛岡駅から電車で20分ほどの距離にある人口3万人強の小さなまちだ。中心駅の紫波中央駅前に広がる「オガール広場」と隣接する諸施設には、官民連携の成功事例を学ぶため、全国各地の自治体などから多くの見学者が訪れる。

そこには、フットボールセンターにバレーボール専門の体育館、農業分野に強みを持たせた図書館、役場、さらには各施設で働く従業員用の寮や発電施設などのほか、オガールタウンという住宅街までも整備されている。

もともとは駅前の遊休公有地だった。それを民間主導の官民連携で見事に再生させた事業は「オガールプロジェクト」と呼ばれ、テレビなどのメディアにも多数取り上げられている。なお、プロジェクトの詳細は『町の未来をこの手でつくる―紫波町オガールプロジェクト』（猪谷千香、幻冬舎）に詳しいので、詳細を知りたい人は参考にしてほしい。

ここでは、同プロジェクトにおける民間側のキーパーソンとなった同町出身の岡崎正信氏の体験談をもとに、官民連携を機能させる要因を解説する。

## 遊休不動産の活用

オガール広場や諸施設があるエリアは、先述のとおり元は紫波町が保有する遊休公有地だった。

「地域振興整備公団」（現・都市再生機構）で各地の都市再生事業に携わったキャリアを持ち、東洋大学で米国での公民連携による地域の再生のあり方とそれを生かした国内での官民連携のあり方の研究を修めた知見を買われ、藤原孝町長（当時）からプロジェクトの責任者に任命された岡崎氏は、ゼロからこの遊休公有地の有効活用を考えることになる。その際に意識したことは以下のような点だ。

自分たちが始める事業は

・複数の地域経営課題を同時に解決する事業であること。

・遊休不動産という空間資源に潜在的な地域資源を組み合わせる。その結果、高い経済合理性で地域の経済循環を活性化する事業であること。

・事業を始めるにあたって、補助金があるから始める、という姿勢ではなく、できるだけ補助金に頼らないこと。

・立ち上げる事業は「パブリックマインド」を持つ民間主体が主導し、行政はその民間活動を支援する関係であること。

オガールプロジェクトが立ち上げられたのは２００９年のことだが、当時の地域活性化プロジェクトといえば、行政主導の下、補助金ありきでスタートをきるのが一般的だった。そして、その多くは成果指標も曖昧なまま、成果の検証も詳細にされず閉じる。その理由は前章まで述べてきたとおりである。オガールがそれまでの地域活性化プロジェクトと違って大きな成功を収めることができたのは、明確なグランドデザインにもとづき、民間主導で計画が進められたことにある。

## エリアに活気を生み出す

岡崎氏は次のように語る。

「エリアに活気が生まれれば、そこに住みたい、訪れたいという人が増え、不動産需要が高まります。その結果、地域の不動産価値(価格)が上がります。さらにその先には、不動産価値(価格)の上昇を反映して地方自治体の主要な自主財源である固定資産税や都市計画税の増収効果をもたらす。また、働き手となる住民が増えることは、資産税と並ぶ地方自治体のもう一つの自主財源である住民税の増収効果ももたらす。結果として自治体の税収増によって地域の福祉や教育の充実に資金を回せることになる。このような連鎖を想定して、価値としてはゼロどころかマイナスだった遊休公有地の活用を通じて、当時の紫波町が抱えていた複数の社会課題を同時に解決できる道筋がかける、と踏んだのです」

パートナーである行政側の紫波町もその考えに共鳴した。

両者の思惑が一致し、オガールプロジェクトが動き出すこととなったのだ。

# 02

## オガールプロジェクトに見る官民連携の理想のカタチ②

# 明確なグランドデザインを描く

オガールプロジェクトの成功の秘訣の一端は、明確なグランドデザインにあった。綿密なマーケティングに基づき、どんな施設をつくれば人が集まるのかを事前に明確化した。その象徴的な例が、バレーボール専用体育館「オガールアリーナ」の建造である。オガールアリーナは、国際大会で用いられる高品質のフランス製の樹脂床を有している。トップレベルのアマチュアチームはもちろん、国代表チームをも招聘できるだけのポテンシャルを有した施設だが、野球やサッカーなどのメジャースポーツではなく、バレーボールというややマイナーなところに目をつけたのがポイントだと岡崎氏は強調する。

「ピンホールマーケティング（99ページ図）という考え方があります。従来は左図のように、大きなマーケットをターゲットにすえていました。スポーツでいうなら、プロ野球を開催できるくらい立派な野球場が全国各地にあるのも、野球が巨大なマーケットを有する人気スポーツだからです。でも、その分競合も多い。いまさら、紫波町で新たに野球場をつくっても、どれだけ人を呼び込めるのか？　それよりも、他にはない独自性を持った施設のほうが、確実に集客を見込めるのではないか。そこで、バレーボール専門というニッチ性を際立たせたわけです。なぜバレーボールかといえば、私が高校時代にバレーボール部の選手だったので、バレーボールをやっている人たちの思いならばうまくくみ取れると思ったからです」（岡崎氏）

とはいえ、「『思い』だけでは、ニッチで勝負することはできません。『圧倒的な営業力』がなければ成立しない」と岡崎氏は強調する。岡崎氏自身、オガールのときには自らセールスマンとして各方面に走り回ったという。

## 新時代のマーケティングは「ピンホール」で考える

新・建設業が成功するためには、従来のように大きな市場をターゲットにするのではなく、オガールアリーナのように、ニッチなマーケットで“尖った”事業を行うことを目指したほうが効果的な場合が多い。

### 従来型のマーケティングは市場を上から見る

既存の大きな市場を奪いに行く


### 新時代のマーケティングは市場を横から見る

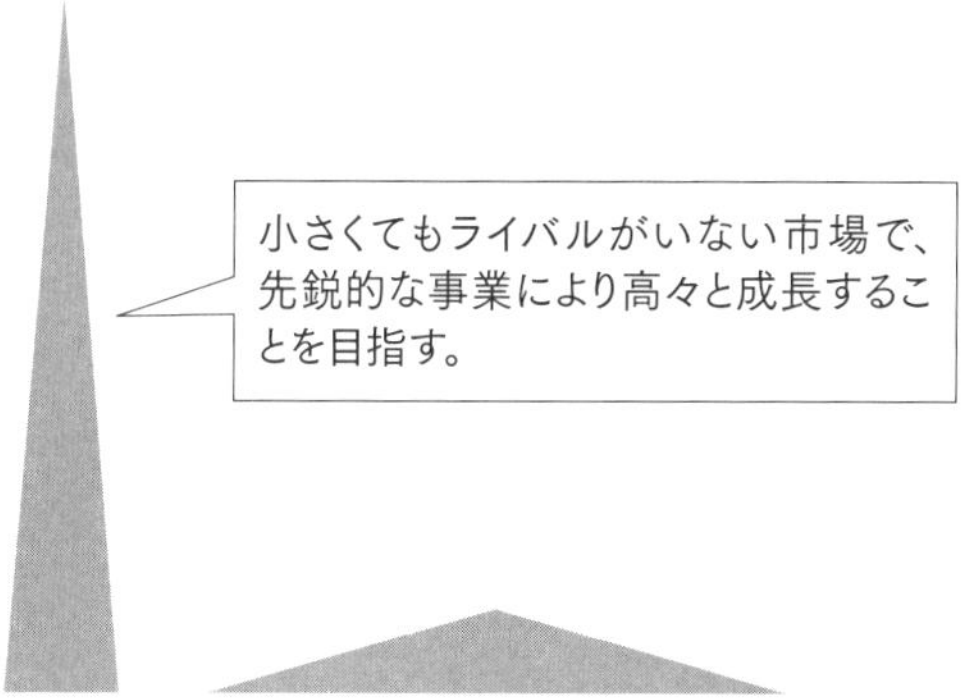

小さくてもライバルがいない市場で、先鋭的な事業により高々と成長することを目指す。

精力的な営業活動の結果、17年には全日本代表チーム「龍神Nippon」が同施設を利用。さらに18年には女子バレーボール世界選手権で来日したカナダ代表チームが施設で合宿を張った。こうした実績が広く認知されるに従い、全国の高校・大学などのバレーボール部からも合宿の予約がどんどん舞い込むようになり、日常の施設稼働率にも好影響を与えている。

## 施設に応じた運営主体と多様な資金調達法

この体育館は一例ではあるが、従来の「箱ものを建ててから用途を考える官主導プロジェクト」とは大きく異なる点を理解しておくべきだろう。とりあえずテナントビルなどを建てる。建ててから入居店舗を募集するのではなく、事前に綿密なマーケティングを行い、建てるべき施設、入れるべきテナントなどの設計図を事前に描いていた。そうした点が各地の官民連携の参考になるはずだ。

施設の運営方法も参考にしたい。

例えば、オガールプロジェクトの他の施設、小児科や病児保育施設などが入る「オガールセンター」も、町営の図書館と不動産事業が融合した「オガールプラザ」も、民間都市開発推進機構（民都機構）や紫波町が出資した株式会社によって運営されている。

資金調達法も多様で、例えば市中銀行と民都機構の双方から調達する施設もあれば、市中銀行からの借り入れオンリーで賄っている施設もある。公的な目的で使われる施設かどうかなどで、ファイナンスのプランも臨機応変に変えているわけだ。なお、オガールプロジェクトでは「できるだけ補助金に頼らない」ことを前提としているが、各地の公民連携事業においては、ファイナンスのあり方はさまざまだ。第6章でも述べるが、補助金を使うかどうかは地域の課題と採るべき解決策に応じて柔軟に決めればよい。

# 03

## イコールパートナーシップを築く

### オガールプロジェクトに見る官民連携の理想のカタチ③

オガールプロジェクトにおける民間側の推進役が岡崎氏なら、官側の中心には当時の町長である藤原氏がいた。まさに首長のトップダウンで、民間活力を引き出し、その力をまちづくりに生かした中心的な人物である。

藤原氏は、「ＰＰＰという言葉が入っていない予算申請は一切受け付けない」といった趣旨のことを役場内でも公言していたという。

また、地元出身で紫波町に縁の深い岡崎氏を見出して引き立てるとともに、町の予算を使って町の職員を東洋大学大学院に通わせ、ＰＰＰに必要な知見を学ばせた。その人物が、のちに官側の窓口となる、公民連携室の鎌田千市氏だ。官側のキーパーソンである藤原氏とよい関係を築き、さらに職員も含めてイコールパートナーとして意見をぶつけ合える関係を築き上げた。

## 業者や市民も巻き込む

岡崎氏は株式会社オガールの代表である一方、父親から受け継いだ建設会社「岡崎建設」の専務取締役という立場もある。そのような事情もあったため、岡崎氏にはプロジェクトの実行に際して固く決めていた掟があった。それはオガールプロジェクトで岡崎氏自身が関わっている会社からは岡崎建設に仕事を発注しないということだった。

「私が紫波町に提案した再生案を、私の建設会社に発注すれば、同業者やテナント候補の事業者たちはどう思うでしょう。『なんだ、結局我田引水じゃないか』と白けるに違いありません。そんなことになったらプロジェクト自体が頓挫します。だから、岡崎建設には一切仕事を出さず、地元の他の建設会社や不動産会社に任せたのです」

官民連携で取り組む事業では、いかに関係業者や地域の市民を巻き込むかが大事だ。オガールプロジェクトのいわばプロデューサーである岡崎氏が「周囲をいかに巻き込むか」という視点を持って下した判断だ。

とはいえ、これはやや特殊な事例で、一般的にはプロジェクトで自社が利益を得ること自体が好ましくないというわけではない。自社がその能力を発揮し企画提案したものを自社で建築、さらに運営をして利益を得るという創注型の事業として自立できることが基本である。

# 04

## オガールプロジェクトに見る官民連携の理想のカタチ④

# ゴールを定めない

オガールプロジェクトでは、宿泊施設などの不動産分野、マルシェをはじめとする小売り分野などもそれぞれ事業化され、着実に収益を上げている。

「プロジェクト借入金はトータルで33億円くらいになりましたが、そのうちの10億円はすでに返済を終えており、残債が23億円ほどです。これまでのところは、事業はうまく進展していると表現できますが、決して成功しているとは思っていません」（岡崎氏）

2012年6月にオガールプラザが開業して以降、紫波町では地価も上昇し、また紫波町の税収増にも寄与してきた。まさに、当初の目論見どおり事態が推移しているわけだ。

現在では出店を望むテナントが、順番待ちをしている状態であるという。そこで岡崎氏が取っている方針は床面積を拡大しないということだ。

需要が拡大すればそれに合わせてスペースを拡張しようと考えるのが一般的だが、岡崎氏は追加的に造った施設の床面積を増やさず「希少性」を訴える。その結果として貸し床の坪単価を上げるという好循環を生むことをもくろんでいるのだ。

## マネタイズにも工夫する

事業化ということでいえば、現在岡崎氏が携わっている盛岡市動物公園の再生プロジェクトでも多くの改善点がある。

例えば、それまで来場者は無料で動物にエサをあげていたものを有料化するといった、どこの動物園でもマネタイズしていることを実施してこなかった。お金を払ってでもエサをあげたい来場者は子どもを中心にどこの動物園にも大勢いる。しかし、それらは無料サービスで行われていたのだ。些細なことかもしれないが、有料化しても人が集まりそうな企画なら、それがそのまま「事業化」できるのである。

また、この再生プロジェクトに必要な資金調達についてもユニークなことを岡崎氏は考えている。それは、ふるさと投資の枠組みを活用した10億円規模の資金調達だ。

再生とは、多くのお客様に興味を持ってもらい実際に動物園を体感してもらうこと。そう考え、資金調達に際しても単に市中金融機関から資金を調達するのではなく、動物園を愛してやまない世界中の人たちから投資をしてもらうことを考えている。

## オガールに完成はない

岡崎氏は、オガールに限らず「常に変わるマーケットニーズを読み続けることと、そうした変化にスピード感を持って対応することが大切」という。

これは公民連携プロジェクトに限った考え方ではないはずだ。施設の形や運営方法、用途を臨機応変に変えることができ、陳腐化を防ぐことは商品やサービスを提供するビジネスにおいては当たり前のことだ。

「地域に深い関わりを持つ人が、情熱を持ってことに当たる。そしてチームを率いて、自分たちが住むまちの課題を自分たちで解決する。常にマーケティングや改善を続けることを自らに課していれば、変化にも対応できます。それが結局は持続可能性を高めるのではないでしょうか」

もちろんビジネスにはゴール設定は必要だ。しかし、そのゴールに固執することが目的ではない。必要があればゴールは変えればよい。むしろ変え続けるべきだ。そして、もっと大事なことは、安易に成功したと思わないこと。

民間ビジネスが先導して地域の課題を解決するために公的サービスを提供する、そのような官民連携の特徴を考えれば、自明のことかもしれない。

# 05 官民連携を成功させるために欠かせないリーダーの資質とは

オガールプロジェクトの成果にフォーカスしてきたが、話を再びPPP、PFIの総論に戻すこととしよう。

ここまで繰り返し述べてきたように、これからの公共サービスの実施に当たっては、純然たる公共事業は減り、官民連携によるPFI方式が増えていくはずである。より活用されやすい制度にすべく、毎年PFI法が改正されていることからも、これからの公共事業はPFI中心でという政府の意向は明らかといえる。近い将来、経営者や経営幹部がPFIについての最新の情報を入手していなければ、その建設会社は入札にエントリーすらできなくなるだろう。つまり、スタートラインにさえ立てないわけだ。

## PFIに長けているか？

ＰＦＩのことをよく理解し、地域の課題解決に役立つ企画を提案できる会社がこれからは求められる。

また、岡崎氏のようなプロデューサー、あるいはプロジェクトを牽引するキーパーソンにＰＦＩへの深い知識と高い実績を持つ人物がいることが、今後の生き残りにおいてアドバンテージになるはずだ。

時には、そうした人材が官側にいることも往々にしてある。

矢部客員教授は次のように語る。

「公共サービスというと官が提供するものに聞こえがちですが、幅広く捉えて公的サービスと表現したほうがいいかもしれません。その公的サービスを適切にサービスプロバイディングするのが、自分たち行政マンの役割だと信じる人たちが増えつつあります。サービス提供の立案からその後の運営まですべて官がやるという旧来型の常識に捉われず、企画力と実行力のある民間の事業者と組み、リスクとリターンをきちんと設定したうえで契約に基づいてガバナンスをし、サービス提供事業のマネジメントに関与する。これが新しい行政マンの働き方だというスタンスの人なら、官民連携のリーダーとして主役を張れるでしょう」

## リーダーに必要なスピード感と任せる力

矢部客員教授は、本章で紹介した岡崎氏や次章で述べる安成工務店の安成社長とも交流が深く、両者が経営する会社の現場についても詳しい。

「岡崎さん、安成さんの会社はどちらもそれぞれの経験とそこから得た知見を磨くことで、まさに『新・建設業』の先陣を切る活躍をされていますが、人材活用や仕事の進め方などを見聞していて思うのは、スピード感があること、現場スタッフ一人ひとりに任せる裁量が他社に比べて大きい、ということです」

官民連携のリーダーの資質として、このスピード感と思い切って人に任せる力もまた必要なのではないだろうか。

さらに言えば、オガールプロジェクトで岡崎氏が発揮したようなパブリックマインドの持ち主であることもリーダーとしての一つの資質といえるだろう。

「パブリックマインドという表現にはいろいろな訳があると思いますが、簡単に言うと『利己的な心ではなく利他の心を持って〝自分のまちの役に立つ〟』という公共心です」（矢部客員教授）

オガールプロジェクトの後、岡崎氏はさまざまな官民連携プロジェクトを企画提案してきたが、岡崎氏が企画提案する官民連携プロジェクトでは、基本的に該当地域の建設会社の中でもっとも力量があるとみなされた業者に施工などを発注することを心がけているという。業者側から見ても、縁故にとらわれることなくプロジェクトを進める岡崎氏が示すパブリックマインドは、展開される事業に対する信頼や安心をもたらすはずだ。

# 06

## 「官民の壁」をいかに乗り越えるかが成否を分ける

オガールでの実績により、岡崎氏のもとには全国各地の自治体から地域再生事業に関する依頼や相談が立て続けに舞い込むようになった。しかし、実際にプロジェクトに携わろうとしたとき、「官と民の間に横たわる高く厚い壁」に直面することが多々あるという。それが契約における「関係性」の問題だ。

「官と民がイコールな関係で契約を結べるかどうかが事業の成否に大きく関わってくるのに、実際は行政が主、民間は従という形態の契約ばかりなのです。これを改善できるかどうかは、今後、官民連携が浸透するかどうかを左右する重要な問題です」(岡崎氏)

それにもかかわらず、純粋公共事業だけの時代の関係性をぬぐい去りきれず、官側が決めた通りにすることを前提とする、あるいは決定権は官側にある契約はいまだに多い。

## PFI事業の普及を妨げるもの

この傾向はPFI事業の募集においてもあまり変わらない。

本来なら、PFI事業の契約書の中身や書式は、その事業ごとに双方の担うべき役務や義務に応じて変わるべきものだし、変えていくべきものであるのに、現実にはそうなっていないのだ。もっとも、PFI事業にもかかわらず旧来的な関係になりやすい背景にはそれなりの理由もある。

PFI事業設計にまだ不慣れな事業者が多く、入札に応じるのに十分な知見がない現状では、PFIコンサルタントを業とするシンクタンクなどが寄り添うことになる。彼らは経験から得たノウハウをもとに「入札に必要な書類や手続きをはじめ、地域の活動主体となるチーム組成の仲立ちまで整えます」といって全国各地で活動している。

ここで問題なのは、PFIコンサルは応札する民間事業者だけでなく、PFI事業を募集する行政サイドをもクライアントにしていることだ。

もちろん、一つの事業で同時に双方の代理になることはないが、クライアントである行政側の要望をよく理解したうえでコンサルをすることになる。結果的に「官が主」「民が従」という関係性を払拭する契約はできあがりにくい環境が生まれる。

官民連携におけるPFI事業が普及しない背景には、このような民側の不勉強、官側のできれば手法を変えたくないという不作為が存在しているといえる。

## 随意契約へのこだわり

官民間の契約のあり方の問題は、主従的な関係性の存在という問題だけではなく、契約締結までの過程にもある。

「随意契約か指名競争入札か」という問題だ。

「あえて強い言葉を用いますが、指名競争に入札をするのは仕事に困っている〝ヒマ〟な企業です。自らの提案力に自信があれば、随意契約を結べばよいのですから。私はオガールのときも含め、常に随意契約をお願いしています。さらに『随意契約でしか仕事をしない』とも公言していますが、これは現時点ではなかなか難しいですね」（岡崎氏）

## 随意契約イコールなれ合いではない

少し解説が必要だろう。

役所が発注する事業で「随意契約」と聞くと、多くの人は「不透明」、「なれ合い」などのネガティブな過程をイメージするのではないだろうか。極端に言えば不正義の温床のような捉え方をされてしまう。

対する指名競争入札には、「公平」「公正」な過程が踏まれているというイメージが強いはずだ。

こうしたイメージのせいもあり、行政としてはたとえ「この事業はこの人(企業)に任せたい」と思ったとしても、随意契約に踏み切ることができないという事情もあるのだ。

現実には、岡崎氏のように著名で実績もある人物であっても、随意契約ではことが進まず契約に至らないケースもあるという。

新・建設業者が、そうした契約を結ぶには「この事業はこの人(企業)に任せたい」という圧倒的な提案力を磨くこと、さらには何か問題が生じたときの責任範囲を明確にし、官民間の壁を乗り越える取り組みが求められるだろう。

# 07

# 価格ではなく、質を競争することで契約の壁を乗り越える

官と民、双方にとって望ましい契約を実現するには、どうすればよいのか。

ここでもオガールの取り組みがヒントとなる。

岡崎氏はオガールやその他の官民連携案件で、「競争的対話」を積極的に行いながら民間発注を進めたという。

競争といっても、価格を競わせるわけではないところがポイントだ。

これまでの施設整備などの純粋公共事業における競争入札のように、「安さ」を競わせることはしない。

では、何を競うのか？

それはサービスである。

各社がどのような工事をどのような手法と見積もりで行えるのか、施設整備だけでなくその運営にどれだけの付加価値を与えられるのか、について競争してもらうのだ。そして最高のものを提示した業者と契約を結ぶのである。

## 成果に対して適切な報酬を支払う

受ける側とすれば、提案が評価され、結果的に報酬も相場より高めなのだから意気に感じて仕事をしてくれる。

このように、安い金額を提示したことを評価するのではなく「出した成果に対して適切な報酬を支払う」ということが実践されれば、官民連携の現場でもイコールの関係性、契約が増えていくのではないだろうか。

ただし、最高のものを提示した業者と契約を結ぶことができたとして、まだ課題は残っている。

それは「官の決定権（選定力）問題」だ。

そもそも自らビジネスをしたことがない官僚や自治体職員が、サービスの実現性やリアリティ、要求水準に対する品質が満たされているかを単独で判断することは困難だからだ。

## 官側にも経験値を積む時間が必要

通常、PFI事業の選定には選定委員会のようなチームが組まれ、決定はその審議に任されることが多いが、極端に言えば選定委員を選ぶことにもその妥当性が問われる。

先ほど、官民の壁には民間の不勉強という背景があると指摘したが、官側にも経験値を積む時間が必要であるという課題が残る。

また、制度上の問題もある。

一つの例が予算制度による制約だ。極端な例かもしれないが、岡崎氏の経験から、制度の制約を端的に垣間見ることができる。

オガールをはじめとする官民連携プロジェクトについて、岡崎氏は基本的に成功報酬を前提とした随意契約を結んできたことは先ほども書いた。ここで岡崎氏は、仮に1000万円で仕事を受けた場合、「契約で定めた成果」が出なければ一銭も受け取らないというスタンスを示すことがある。

「成果を出せば、次にはもっとよい条件で契約できるようになるのが、成果報酬型の魅力だと考えているから」だという。

しかし、残念ながら全国の例を見ていると、そうした形での官民連携の契約は皆無に近い。

## 役所の予算制度が契約の妨げに

「それには役所の予算制度も関係しているでしょう。担当者としては、仮に1000万円の予算を付けたものには、全額を使い切りたい。成功報酬で不備があれば、1000万円は返納されるでしょう。本来なら、お金をドブに捨てずに済んだと胸をなでおろしてもいいところなのですが、役所ではそうはいきません。予算化された費用は使い切らなくてはならないからです。必要だから予算化したわけですから、費用が余ることはそもそもその事業が必要だったかという別の問題につながります。そこでは、お金が返納される可能性があることとは『メリット』ではなく『リスク』なんですね。だから、成功報酬型の契約を結びたがらないのです」（岡崎氏）

応札側の努力と勉強、成功報酬型の契約を広める……。こうした試みに加えて、役所の制度や公会計のシステムが変わることも「契約の壁の見直し」には必要なようだ。

# 08

# サウンディング型市場調査が官民連携を大きく変える

法律に基づくPFIが毎年少しずつ形を変え、徐々に実績が拡大しつつあることは述べたとおりである。

中でも官民の関係性を変える新たな潮流が、「サウンディング型市場調査」の導入であろう。

サウンディング型市場調査は、PFIによる公共事業において官だけでは把握しきれない市場ニーズやそれを踏まえた事業のアイデアを探るために、事業の発案段階や事業化の段階で「市場の声を聴く」情報収集調査で、そこで出たアイデアを取り入れた事業が実施された場合は、いわば民間発注の公共事業ともいうべき事業となる。

これまでも、ＰＦＩには法律に基づく入札制度があり、資金調達や企画面など、入札者の能力を選定する仕組み、体制もある。しかし、一般的にＰＦＩによる入札は従来型の公共事業入札に比べて入札から開札、契約、事業実施までの期間が長くなる傾向がある。その背景には落札後に条件調整などが行われることも一因となっている。

サウンディング型市場調査が導入されることで、ＰＦＩの入り口の部分が大きく異なってくる。実施によって、事業の市場性（参入意向業者の有無の把握）を測り、参入しやすい公募条件の設定により、事業の実施可能性を高めながら事業実施へ時間を短縮する効果もある。

繰り返すが、サウンディング型とは、一言でいえば「アジェンダ（綱領）をつくる前の段階で民間のアイデアを採り入れる」ということだ。

現在まで行われてきた官民連携のプロジェクトの場合、一般的なフローでは事業の要綱を決めるのは官単独で、それが決まってから民間業者の公募が行わ

## サウンディング型市場調査でPFIの普及が加速する

公共事業といえば、行政側の発案で行われるものというのがこれまでの常識だった。しかし、サウンディング型市場調査の導入により、事業の発案段階から民間事業者が関わることができるようになった。今後、企画力のある新・建設業者がPFIに続々と参入し始める第一歩となるかもしれない。

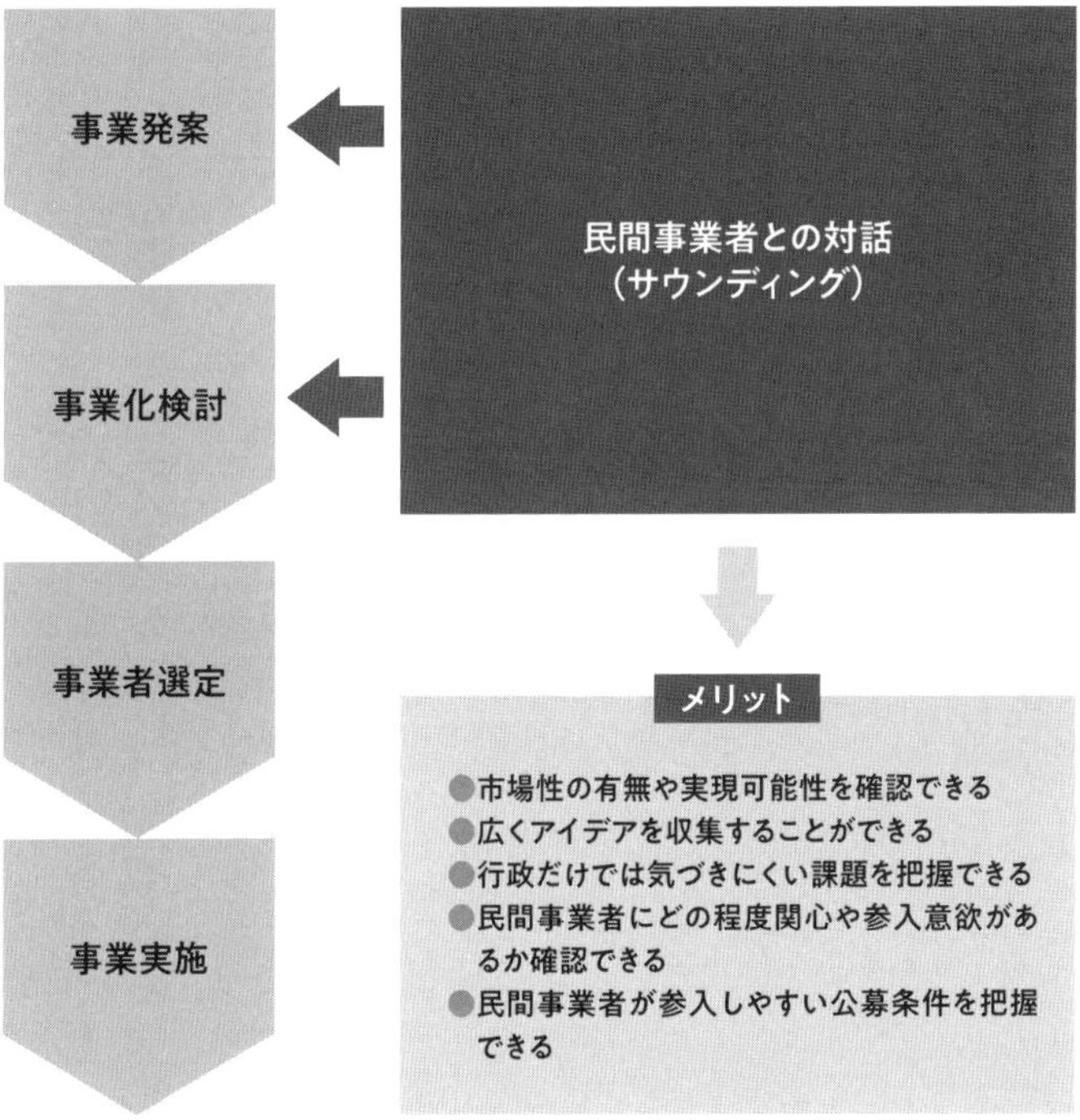


出典:「地方公共団体のサウンディング型市場調査の手引き」(国土交通省)

れるケースが多かった。

## 行政が単独でアジェンダを決めるデメリット

つまり、公園であれ図書館であれ、「事業の目的はこう、場所はここ、この目的を実現する人を募集」と一度行政が定めてしまえば、民間側はそれに沿ったアイデアを提案することしかできなかった。

「こうしたほうがより効率的では?」「人を呼ぶには○○も必要では?」といったアジェンダの変更を伴うような提案は聞き入れられる余地が少なかった。

なぜなら、一度手順を踏まえて決定された事業目的が文書化されているので、そこに書かれた内容から行政マンが臨機応変に変えることは困難だからである。

行政マンにとっては、事業の要綱を決めることは確かに重要な仕事である。

けれども、それを行政が単独で行ったせいでアイデアが得られず、地域の実情を無視して、他の地域で成功したプロジェクトの模倣ばかり行われるようになるという問題が生じてきた。

ＰＦＩ方式でプロジェクトの提案者を求めているので応募してほしい、という行政の求めに応じて提案しても、アイデアの良し悪し以前に、綱領の範囲内に収まっているかどうかで、採否が決まってしまう。そのせいで、せっかくの素晴らしいアイデアも生かすことができなくなる。

既存のＰＦＩにはどうしてもこの種の限界があった。

## 事業の要綱を決める段階から官民連携

対するサウンディング型のＰＦＩとは、プロジェクトのスタート時、要綱の検討段階から民間の知恵やアイデアを入れようとするものだ。公共施設の整備や再編について、公募の前から民間事業者との対話が行われる。

そこでは、自由闊達に意見が交わされ、役所の内部だけで考えていた時とは異なる意見や提案、資金調達法などが飛び出してくる。そうした中から、実現可能性も高そうで効果がありそうなものを官が選んでパートナーシップを組みながら事業を進めるのである。

素晴らしい制度のように見えるが、気をつけるべき点が一つある。

それは、民間の〝ただ働き〟になりかねない点である。

例えばあるサウンディング型市場調査に応じた事業者が、素晴らしい公共施設の再生案を提示したとしよう。しかし、その業者の規模や過去の実績といったさまざまな面から、実際の事業者公募段階で落選してしまう可能性もある。

その結果、サウンディング調査で得たアイデアや手法を元に作られた事業要綱に従ったＰＦＩ事業は、アイデアを出した業者とは別の事業者が行うことになる。

## 企画の「無料化」を防ぐさまざまな試み

苦労して事業のアイデアを出したのに公募に漏れた業者にしてみれば、知的財産を奪い取られたようなものだ。そうした事態を避け、民間の事業者が臆せずよいアイデアを提案できるように、さまざまな改革が行われてきた。

例えば、よいアイデアを提案した業者には公募の入札時に加点が行われるようになった。

入札の確認項目は、資金調達の力、事業内容、事業の推進体制など多岐にわたる。各要素の点数を合計し、最も高い業者が選ばれるという仕組みである。アイデア面で加点がされることで、提案者にはいくぶん有利になるが、それでも他の業者が公募で選ばれ「ただ働き」に終わる可能性は消えていない。仮に幾分かの企画料のような報酬があったにせよ、やはり事業そのものを任されないと収益につながらないのである。

## 随意契約で出してもよいことに

PFI法は毎年見直しが行われ、少しずつ変化していることは述べたとおりである。こうしたアイデアのタダ取りの批判を受けて、現在ではさらに一歩進んで、「優れたアイデアを提案した業者には、かつその実現可能性が高ければ、公募を行わずに随意契約で発注してもよい」ことになった。

岡崎氏が官民連携に際して、原則として随意契約しか結ばないことは既述のとおりである。

ＰＦＩの事業者選定では以上のような過程を「透明性高く」行うことで、「随意契約＝悪」という従来の既成概念を次第に薄れさせていくことができる。

いずれにせよ、こうした変化によって、新・建設業者にとってはアイデアだけを持っていかれることを恐れずＰＦＩ事業への応札にも積極的に、自由に提案できる素地が広まりつつある。

# 09

## 既存の建設業の向かう先。創注型企業としてリーダーシップをとる

高度成長期には、官と民が分業して中央集権的に効率的な体制をつくりあげて、都市を形作っていった。公共サービスの提供もある意味同じ向きを向いて官から民へ提供されてきたといえる。そうした時代は終わり、今後は官と民が「協業」でさまざまな資本やアイデアを持ち寄り、「官と民の相互乗り入れ」で公共サービスを提供していく時代が来ている。

その観点で、建設業に携わる人々がそこで生き残っていくには、これまでとはまったく異なる考え方が必要になる。

みんなで持てるものを持ち寄り、官と民がチームになる。そして、チームで力を合わせてアイデアを形にしていくことで地域の課題が一つひとつ解決し、

街が再生されていく。

こんな施設が欲しい、こんなサービスがあればいい、こういうまちにしたいという住民の思いを背負いながら、ボトムアップでつくりあげていく。江戸時代の街普請のような方向性が、いま改めて求められようとしている。

## 都市づくり、公共サービス提供の「流れ」が変わる

その流れに沿って考えれば、サウンディング型市場調査の登場はいたって自然といえるだろう。サウンディング型市場調査は、公共施設の老朽化や再編、市民ニーズと公共サービスのミスマッチといった地域の問題点を洗い出し、民間の力を活用して地域課題の解決、状況の改善をするための方策であり、いわば官民合同で地域の課題解決法を発見する機会を提供するわけだ。

地域課題の解決、状況改善の先には、オガールプロジェクトが実現している地域の活性化、利用者増、地価の上昇と税収増といった好循環が生まれるわけ

だ。そして、それこそがまさに多くの地方自治体が実現を望んでやまないことでもある。

だからこそ、地域課題の解決においてリーダーシップを発揮することが期待される新・建設業者が果たすべき役割は今後さらに重要になっていくだろう。

## 創注企業への脱皮を図る

第2章でも述べた、地域課題の解決をするために新・建設業者に求められる4つのポイントを思い出してほしい。

①マーケティング（課題の発掘）
②プランニング（課題と解決法の設定）
③ファイナンス（最善な資金調達）
④オペレーション（課題解決のための実行）

今後は、これらの力を擁する企業、あるいはそのような力を持った事業者の連合体しか、サウンディング型のPFI案件には応札ができなくなっていくことだろう。まさに創注型企業に脱皮を図らないといけないわけだ。

## 民民など民間よりの実績がより必要

第3章の75ページ図でPPPの範囲を図式化した。PFIは純粋公共事業と民間取引の間に位置していたが、このサウンディング型調査の導入により、民間取引で当たり前に求められるような企画提案力や資金調達、実行力が一層必要とされる。

「PFIと新・建設業の接点、クロスポイントがまさにここにあります。主役は創意工夫力で自ら地域に必要なサービスやその提供のための事業、仕事を創造する、いわば創注型企業です。今後は創意工夫力の高いプレーヤーでなければPFIを用いた官民連携にせよ、民民の事業にせよ、生き残りが困難になるのではないでしょうか」（矢部客員教授）

公共事業の減少を早くに自覚し、事業を民間中心にシフトしていった業者は、民間シフトの過程で4つの力に磨きがかかっているはずだ。サウンディング型のPFIにも大きく生きてくるだろう。

## 大手の試みに負けていてはならない

矢部客員教授が教鞭を取る東洋大学では、官民連携のノウハウを学ぶために多くの社会人が集う。岡崎氏もその一人だったわけだが、矢部客員教授によると15年ほど前から、いわゆるスーパーゼネコンをはじめとする建設関連業者の社員たちが、会社から派遣されてきているということだ。

大手ゼネコンは、それぞれ「PFI推進室」といった類いの名称の部署を設け、会社の経費で社会人学生を送り込む。そうして知見を得た社会人学生が企業に戻り、空港などのコンセッションにおける建設の仕事を推進するコア人材となるわけだ。

そうした人材を育成したうえで、空港コンセッションなど大きな事業だけではなく、地方自治体の役場庁舎や学校の再建といった、従来なら彼らが率先して参入する規模ではないものでも、ある程度の収益が期待できる仕事への入札を行うようになっており、大手ゼネコンはどんどん地方にも進出している。

本来なら、地域密着のゼネコンや地域建設業者がPPP、PFIの原理原則のもと、地元で仕事やお金を回すのが理想だろう。しかし、述べてきたようなPFIの知見などが不足していると、応札も叶わない。みすみす大手に仕事をさらわれ、その下請けに甘んじるかもしれない。

地域の建設業者としては、大手に伍して戦っていけるだけの経験と学びをすぐにでも始めるべきであろう。

## カギは事業構築

PPP、PFIにおいて存在感を発揮するには、何より事業構築のアイデアと実績が必要になる。仮に公共工事の比率を減らして、創注型の民間事業をポートフォリオの中心にするとしても、PPP、PFIの知見を深めなければ公共工事の受注すらできなくなる、という時代がやってこよう。

提案者のフロントが理屈上は誰でもよいとしても、新・建設業者が中心になるほうが取り分、つまりビジネスのうま味が大きくなるというものだ。

「民間事業でも官民連携でも、事業の内容そのものに大きな違いはありません。むしろ事業を興すということに新・建設業の存在意義があり、それが可能な創注型の産業になるということが大事です」(矢部客員教授)

官民連携事例集❹ 広島県尾道市

# まちの魅力を損なうことなく、遊休不動産を再生する

空き家再生プロジェクトが好循環。100件超の
空き家、空き店舗が再生し移住と起業も促進

## プロジェクトの背景

尾道市では、「尾道空き家再生プロジェクト」というNPO法人が中心となり遊休不動産の再生に成功している。同法人は自らが古民家を再生したゲストハウス２棟を所有。観光交流や尾道への移住希望者などとの接点として機能させている。ゲストハウスの収益は、尾道への移住、定住、起業希望者支援に充てられる。具体的には、リノベーションを目指すワークショップ開催、工具、機材の貸し出しなどだ。

県と市も民間の活動をバックアップ。県は所有する旧海運倉庫を活用し、複合施設（ONOMICHI U2）として新たな観光拠点を形成。民間投資を呼び込むことで、ホテル、レストラン、サイクルショップなどを誘致。結果、外国人観光客や女性などの新たな人の流れを創出した。また、地元の名刹・天寧寺の夜間ライトアップなどの試みで、夜も観光が楽しめる環境づくりを進める。

こうした官民の努力と連携が功を奏し、尾道特有の古い景観を生かしたままの再生が進む。今後はスペイン、サンセバスティアンの美食を参考に、食の魅力創出でさらなる観光需要を掘り起こす予定。

## ここが成功のポイント

- 尾道空き家再生プロジェクトの自活とリーダーシップが移住者などをバックアップ
- 移住や定住希望者等への細かな支援と勉強・交流会が実際の移住、定住につながる
- 海運倉庫の利活用、夜間ライトアップなどで行政も力を発揮

# 第5章

## 受注型から「創注型」へ

――クリエイティブな建設会社に生まれ変わる方法――

山口県下関市に本社を置く安成工務店は、いち早く新・建設業への転換に成功した先駆者として注目を集めている。
なぜ創注型の建設業への転換を図ったのか。そして、どのように実践したのか。同社の安成信次社長に聞いた。

# 01

## 脱・公共事業が「創注型」へと舵を切るきっかけに

安成工務店は２０１８年に売上が１００億円を突破し、現在山口県下では建築、土木を含めた売上業界ナンバーワンの会社である。

その二代目社長を務めるのが安成信次氏。先代社長の父・安成信良氏が１９５１年に創業した「安成組」をルーツとし、１９６８年には株式会社化し現在の社名になる。信次氏が入社したのは81年のことで、当時の売上高は約10億円だったので、40年弱の間に10倍強の成長を遂げた計算になる。

本章では、この安成工務店と安成信次氏の40年近くにわたる挑戦を紹介しながら、一つのモデルケースとして地方の建設会社や工務店が後に「新・建設業」ともいえる、創注型の建設業へと業態転換し成長していく道のりを紹介する。

## 公共事業の受注ができなくなる

安成氏が入社したころ、同社は地域の小さなゼネコン的存在であった。下関市から車で北に1時間、豊北町（市町村合併で下関市に編入）にあり、住宅や公共施設を中心とした工事などを請け負う会社だった。

そうした同社を揺るがす大事件が突如降ってわいた。豊北町に中国電力の原子力発電所を誘致する計画が発表され、賛否を巡って町が二分される激しい町長選挙が行われたのだ。

「先代が推した原発推進派の自民党候補が町長選挙で敗北。反対派の候補が当選しました。その選挙の報復措置として新町長に代わってから公共工事の指名から意図的に排除されたのです」（安成信次社長）

公共事業の受注機会を実質的に失ってしまったことから、豊北町に根差して事業を行ってきた同社は、思い切って本社を下関に移転。以降は下関市を中心に事業を展開し、後には北九州、福岡にも進出。いわば第二の創業期を迎えたのである。

## 公共事業から民間事業へ！

事業の大きな柱となっていた公共事業の機会を失った同社は、生き残りのためには、民間の事業を経営の軸に据えるという決断をせざるを得なかった。

「公共事業は、極端に言えば50点の仕事でも100点の仕事でも要件さえクリアしていれば同じ評価になります。けれども民間の仕事では、100点で当たり前。それ以上の満足度を提供できなければ、顧客からよい評価を得て生き残っていくことができません。生き残るためには、社会に存在を認めてもらうにはどうしたらいいか？　そのことばかり考えながら第二の創業期に入っていったのです」（安成社長）

とはいえ、民間の仕事で生きていくために何を強みとして打ち出すか、当時の安成社長には明確な理念や行動指針があったわけではない。だが、公共施設関連の仕事はなくなったわけだから、これからの事業の柱は必然的に民間の建築工事である。

漠然と「お洒落な家」を提供することを目指し、輸入住宅の建築なども並行して行いながら、「安成工務店ならでは」の独自色を強める工夫を数年続けた。

## 環境共生への転換

模索を続ける中、時代が平成に代わるころにたどり着いた一つの方向が「環境共生」だった。きっかけは、「OMソーラー」の考案者で、建築家、東京藝術大学名誉教授の故奥村昭雄氏との出会いだった。

OMソーラーとは、太陽熱で温まった空気を屋根で集め、それを床下に移動させて床暖房・換気・給湯などに使用するシステムだ。このシステムを充分に機能させるためには、日照時間や風の向きなど地域の気候風土を知り、それぞれの地域に適した自然の力を取り入れるデザインの家をつくることが前提となるという。

「地域ごとの気象データを解析して設計することといい、太陽という自然のエネルギーを使うことといい、『これこそ自分が求めていたものだ』という直感がありました。自然の恵みを利用し、地域の気候風土によく合い、しかも環境を傷つけない家。そうした住宅を建てることができれば、民間の仕事で評価され残していただけるという確信が湧いたのです」

その後、後述するように大分県で新たな構造材の提供元となる林産地と出会うなどして、環境共生の方向性を林産地連携の家づくりとして具体化していくことになる安成社長。まず、手始めとして環境共生住宅に舵を切っていくためには、「デザイン力」と会社の方針を社会へ伝える「企画力」が求められることとなった。

# 02

# カギとなったのは設計力の強化。よい家をつくれる工務店へ

公共工事依存からの脱却を決意し、独自の企画を提案して民間からの仕事を受注して生きていくことを決意した安成社長。下関市でのオンリーワンの建設会社を目指し、環境共生の理念を前面に打ち出す。その実現のために、実務面で取り組んだのが「設計施工」の導入だ。

現在、同社では社員の約4分の1が一・二級建築士やインテリアコーディネーターの資格を持つ設計者である。これは、同規模の建設会社としては極めて稀な例といえる。

注文住宅を専門に建てる住宅会社であれば社内に設計者を抱えているところは珍しくない。しかし、民間工事を行う建設会社では、通常、自社設計はほと

んど行わないからだ。

## 旧来の序列を改めたい

もちろん、多くの建設会社は「○○建設（工務店）一級建築士事務所」として事務所を登録することも多い。

けれども、受注する仕事の大半は社外の設計者が設計したもの、つまり建設だけを請け負うことがほとんどなのが実態だ。

「住宅も含め、建設会社が請け負う仕事の建設現場では、序列が発注者、設計者、施工業者という順なのです。設計事務所の中には、施工業者が手抜き工事をしないために自分たちで見張っているというスタンスの事務所もあるくらい（笑）」（安成氏）

安成氏は、こうした慣習に大きな反感を抱いたという。

発注者と設計者、施工者がフラットな関係で一緒の立ち位置にいないと本当によいものはできないという考えから、自社で設計施工を行い、3者ではなく2者による建物づくりを目指したわけである。そして、そのためには設計レベルを高めなければならないと思い至る。

## 住宅のすべてを自社設計に

そして、昭和の終盤から現在にかけて、積極的に建築士を採用し続けることで、先述の社員の4分の1が設計者という例外的な組織が生まれた。

現在では、同社には住宅事業部と建築事業部そして商業開発事業部があり、売上に占める各部門の割合はそれぞれ40%：50%：10%となっている。また、住宅は100%、他の建物、施設でも95%が自社設計ということだ。

「仮に医院建設の場合、これまでの経験や実績からほぼすべての診療科目に精通しています。ニーズを的確に捉え、クライアントごとの事情に沿ったコストパフォーマンスに優れた設計デザインを臨機応変に提案できます。さすがに大規模な総合病院の社内設計は難しいですが、工事費20億円程度までの規模の病院・クリニックであれば自社で設計できます。大都市は別にして、地方では大きめの設計事務所でも抱えている設計士はせいぜい10人程度ですが、当社では30人以上の設計者がいます。設計事務所としても相当な規模であると自負しています」

## かつての苦い経験も背景に

地域密着の建設会社でありながら自社設計にこだわり続ける同社。その理由の一つには、かつての苦い体験もあったという。

「ちょうど私が入社した80~81年ころのことでした。県内の著名な建築家が設計した1億5000万円ほどの邸宅を施工したことがあったのですが、結果、5000万円近い赤字を出しました。あまりに独特な設計だったため、建材の調達費や工賃が想定外に跳ね上がり、手戻り工事が増えてしまったためです。

当時の施工力が不足していたこともあるかもしれませんが、設計者が現場の事情を考慮して図面を書いてくれていれば、あるいは途中で調整してくれていれば、あんなことにはならなかったはず。いわば無理難題を押しつけられた結果の赤字でした。設計と施工が乖離していたからこそ起こった出来事と思います」

クライアントである施主、設計者、施工者がフラットな関係であるべきだと氏が考えるようになったのも、こうした経験があったからだ。

以後、同社は設計施工へと本格的に舵を切り、設計でも施工でも稼げる体質を築き上げる。

## 「建築＋環境共生」「建築＋設計」

現在、同社では設計だけを提案することも稀にあるということだ。例えば公共工事のコンペに「安成工務店一級建築士事務所」として提案して、その案が通った場合、公共工事では施工は別業者を指名するため、同社は「設計事務所」

として設計料収入を得るわけだ。

第1章では、新・建設業の一つの在り方として、既存の建設業が向かう先に「半建＋半X」というスタイルがあると紹介した。同社の場合は、「建築＋環境共生」「建築＋設計施工」ということがいえそうだ。

受注産業として、ただ「仕事をください」という待ち受けの姿勢から、高い設計力を武器に仕事やデザインを提案できる、発信側になった安成工務店。公共事業依存といった受注型から創注型への脱皮を推進する力となったのが、設計施工重視の姿勢であったといえる。

また、次項で述べる環境共生の努力も、素材の他社への販売などを含めて同社の強みとなり収益に結びついている。

「環境共生や高い設計力に基づいた住宅や建物を自ら提案する。民間の仕事を主に生きていこうとするなら、お客さまに選ばれるものを提供する必要があります。顧客のニーズをくみ取った高いレベルの提案をする一方で、現場も私たちがすべて施工し、できあがったものに対する責任ももちろんすべて負う。こうしたよい緊張感を保っていければと思います」

デザイン力を高めた結果、山口県下ではナンバーワンの建設会社となった同社。その原動力の一つが「自社設計施工」への強い思いとこだわりであったことは間違いなさそうだ。

## 03

# 環境共生の事業展開でオンリーワンの地位を築く

　安成工務店の飛躍のきっかけの一つが、昭和の終盤から始まった設計施工スタイルへの転換であった。その後、平成に入って「環境共生」が具体的な形に結実していくことで、二つの特徴は車の両輪のように会社の成長エンジンとなっていった。

「本社ビルを建て本社を下関市に移転した１９８４年、外部看板の会社名のサインのトップにキャッチコピーとして『環境と住まいをトータルで提案する』と謳いました。その頃はまだ、世の中が『エコ』という概念をほとんど意識していなかった時代です。地域の産業として、地域に根付いて生きていくためには地域の住民や職人さんを大事にして、彼らから愛されないといけない。その

ために は、地域の環境と共生しながらよい循環を生み出すエコモデルをつくり上げなければならない。漠然とではありますが、そのように考えていました。まだなにもふさわしいことを行ってはいなかったのですが、志は高く持ちたかったのです」（安成氏）

その後、先述した「OMソーラー」を実際の住宅建設に取り入れるなどして、平成を迎える87～88年ころから同社の環境共生住宅は具体化されていく。

## 大分の山での出会い

96年に、安成氏は大分県の上津江村（現日田市）の山でその後の住宅部門の方向性の飛躍のきっかけとなる大きな出会いを経験する。それは現地で林業を営むトライ・ウッドという上津江村の第三セクター会社だった。

「林産地が疲弊している中で、若き井上伸史村長を社長に、トライ・ウッドの皆さんは山の活性化や環境保護に真剣に取り組んでいました。弊社と似たような目的を持っていたことから親近感が生まれ、同社とタッグを組むことにしたのです。いわゆる産地直産の家づくりに取り組む組織として、97年に『九州木の家づくり協同組合』を設立し、年間の需要量を担保しようとしたのです。その当時は、低温乾燥を特別注文していたのですが、その後、２００８年から切り出した構造材用の杉の木（1本約4メートル）の天然乾燥を始めることとなります。現地の風通しのよい山の斜面に1年間野積みをして、自然に乾燥させるのです。そうしてできた構造材を住宅建設に用いることにしたのです」

木材を製品化する場合、通常は切り出した木を乾燥させるために石油を利用し、高温乾燥を行う。生に近い木は含水量が多く、乾燥させなければ建材にならないからだ。

石油を燃やして木を乾燥させれば、たしかに乾燥の日数は早まり効率的だろう。だが、世界的なテーマである二酸化炭素排出量の削減を考えた場合、環境に余計な負荷をかける乾燥法といえる。

## 自然に優しく快適な住まいをつくる「輪掛け乾燥」

「地球の環境と共生できる家づくり」を目指す安成工務店の思想は、建材へのこだわにも表れている。それが石油を使わず、木材を自然乾燥させる「輪掛け乾燥」を採用していることだ。

「輪掛け乾燥」とは、伐採した杉材(樹齢60年以上)を皮付きのまま山中の風通しがよく、日当たりのよい場所で、井形に組み1年間じっくりと天然乾燥させる乾燥方法のこと。安成工務店では、大分県のトライ・ウッドの協力を得て、「輪掛け乾燥材」を住宅用の建材に採用している。写真は輪掛け乾燥中の材木。

仕入れ→生産→出荷までにかかる「輪掛け乾燥材」の1㎥当たりの$CO_2$排出量は44kg。これは、一般的な木材の1/8に相当するという。自然に優しいだけでなく、調湿や抗菌機能に優れているのも「輪掛け乾燥材」の魅力だ。

写真提供：安成工務店

同社の「輪掛け乾燥」は、安成氏によれば「これをやっているのは恐らく全国でも当社くらいでは」というほど珍しいものだ。

野積みされた杉の木は、1年後には含水量が40％にまで減少。その段階で製材を行いさらに屋根付きの倉庫に保管しながら二次乾燥期間を続ける。そして含水量が20％にまで減った段階で初めて同社の関連会社のプレカット工場に運び込まれる。

「同じ杉の木でも、石油や電気やバイオマスの燃料で高温・高周波乾燥した木材と太陽と風にさらして自然に乾かせた木ではモノがまったく異なる。何が違うかというと、木材の色、つや、香りや調湿性能です。結果、住む人にとって、きわめて心地よい、住みよい空間が作れるのです」（安成氏）

## 住みよい、心地よいも実現

そもそも、プラスチックなどの石油由来素材をはじめとするいわゆる「新建材」に比べて、木材の自然素材は、「調湿」という空気を吸ったり吐いたりする性能が高い。また、自然素材が放つ成分は心地がよく、人のメンタルに作用してリラックス効果や安眠効果を発揮することが実験で分かりつつある。

同社が現在もタッグを組むトライ・ウッドの構造材は乾燥における二酸化炭素の発生量もないうえに、〝天然乾燥ならでは〟の色、つや、香りに秀でた、究極の自然素材といえる。

「トライ・ウッドに出合った96年以降、住宅分野では『自然素材型住宅』というジャンルに特化をしてつくり続けています。かれこれ23年になりますが、この間、デザインや建物の温熱性能は大きく向上しているものの、基本的なコンセプトやデザインの方向性は変わっていません。OMソーラーに加えて、トライ・ウッドの天然乾燥木に出会ったことが、飛躍のきっかけとなったのです」

同社が設計施工する住宅は、たしかに大手のハウスメーカーなどが販売する戸建て住宅よりいくぶん値が張る。しかし、良質のデザインと高品質の施工で自然素材型住宅に特化しているというスタイルは全国でも珍しく、地域での認知度やブランド評価は年々高まっている。

## 新聞紙をリサイクルした断熱材

下関や福岡に近い大分の自然乾燥木にこだわる同社だが、その心はといえば、「省二酸化炭素」と自然と健康にやさしい住環境の提供である。

建材そのものや樹木の乾燥時に、石油由来のものをできるだけ用いない。また地元に近い場所の木材を利用することで、必然的に輸送時に発生する二酸化炭素の量を抑えることにもつながる。他にも同社では環境共生の試みを進め、形にしてきた。その一つが独自に開発した断熱材工法だ。

「リサイクルした新聞紙を主な原料とした断熱材工法を開発しました。ＯＭ

## 顧客一人ひとりの思いを具現化する家づくりを目指す

安成工務店が提案する環境共生住宅「木の家」には、3つのインテリアスタイルと6つの外観スタイルのバリエーションを用意。顧客の好みやライフスタイルに合った住まいを具現化することに力を入れている。

フランス語で上品という意味を持つ「ラフィネ(raffine)」は柱や梁が室内側に露出している「真壁仕上げ」のインテリアスタイル。床のむく材や壁の珪藻土などの自然材塗り壁材と相まって癒やしの空間をつくる。

柱や梁を隠して珪藻土などの塗り壁材で仕上げた空間を持つ「大壁仕上げ」のインテリアスタイルは、フランス語で喜びを意味する「プレジール（Plaisir)」と命名。壁の中には県産材の構造材やセルロースファイバー断熱材が内蔵されている。

自然素材や機能性はそのままに、大壁・真壁仕上げとは一線を画した重厚な内観が特徴の「Vogue(ヴォーグ)」。フランス語で「流行」を意味する。

写真提供：安成工務店

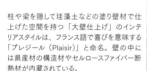

ソーラー住宅を建てた際、断熱が悪くて、ＯＭの性能をうまく発揮できないという問題に直面しました。そのとき断熱材を徹底的に勉強したのです。結果、断熱材の性能の差異よりは施工性が重要だとわかりました。では完全に断熱施工が担保される断熱材は何か？　ウレタン発泡、ポリスチレンボードの外張り、そして新聞紙をリサイクルして製造されるセルロースファイバー断熱材の吹き込み工法の三つが完全施工をより高精度で行えるとの結論にいたりました」

## 断熱材で全国シェア2％を達成

前者の二つは石油製品、セルロースファイバーは木質繊維を残す新聞紙のリサイクル。ただちにセルロースファイバーを採用することに決め、自社施工を始める。

「しかし当時3社あった材料メーカーは湿式工法の認定はあるも乾式工法の認定は習得しておらず、メーカーとも相談した結果、オリジナルな乾式工法の認定を安成工務店として取得したのです。もともとは自社で使うためにつくったのですが、評判があまりにもよかったので、デコスという関連会社を設立し、全国に売り出しています。現在は、山口県下関市と埼玉県飯能市に工場があります」

このオリジナルの断熱材は、自社グループの枠を超えて、全国の木造注文住宅の2％のシェアを持つまでに成長しており、多くの住宅の建設現場で利用されている。

## 環境共生技術の研究開発にも余念がない

同社は事業と並行して、林野庁や教育機関と連携した環境共生技術の研究開発を長年続けてきた。そうした試みが、商品開発に生かされ社員たちの士気を高めてきたとも言える。

特に着目すべきが、九州大学との共同研究だ。この実験は、同社と九大、トライ・ウッドの3者で林野庁の委託研究として、5年前から補助金も利用して続けられてきた。九州大学箱崎キャンパス内に自然素材と新建材の内装を持つ2棟の建物を建てて、室内の空気環境の測定だけでなく、人を介したさまざまな実験を行っている。どちらが新建材製でどちらが自然素材製かは、内部に入った人が視覚的に判別できないように建てられており、そこで睡眠実験や抗菌実験を行うのだ。

「自然素材の健康に寄与する性能が、データでみても相当いいことが明らかになっています。睡眠の質も向上するし、疲労回復度も上がります。抗菌試験では、食中毒や肺炎の原因となる黄色ブドウ球菌のコロニーが、新建材では増えるのに対して、自然素材ではほとんど増えないことがわかりました」

九州大学の伊都キャンパスへの移転を機に自然乾燥木材、高温乾燥木材、そして新建材の3部屋を持つ実験ハウスを建てて、実験は現在も継続中ということだ。

# 04

# 新・建設業としての今後を見すえて、さらなる成長を目指す

環境共生と設計施工の両輪を武器に、地元でのオンリーワンを目指してきた安成工務店は、結果として年商で１００億円を超えて、山口ではナンバーワンの座にまで成長した。現在、同社の売上ポートフォリオは「住宅が40億円、建築が50億円、残る10数億円超が商業開発」ということだ。

住宅は先述のように自然素材住宅に特化した注文住宅。建築は介護医療施設・事務所・工場・賃貸マンション・商業施設などの多様なジャンルの建物を鉄筋コンクリート、鉄骨造、鉄骨鉄筋コンクリート、そして木造といったさまざまな工法で20階建て程度までを扱っている。

残る10億円超が、ショッピングセンターといった商業施設の開発で、自らが

定期借地などを利用して、施設運営にも当たる。

## 第三の柱としての商業開発

「これまでに東京ドーム約4個弱分に当たる計18ヘクタールを事業借地し、開発しています。大手テナントの一部は出店企業が自ら建物を所有しますが、その他の建物は弊社が所有し、出店企業に建物賃貸を行うサブリース方式としています」

いわば「建築＋不動産」という組み合わせで新・建設業へと向かう新たなあり方の一つでもあるが、安成社長はこの商業施設分野ではまだまだ環境共生の実現などができていないことが課題だという。

例えば、ある商業施設のグランドデザインの際に施設周辺での植樹を提案したものの、テナント側からの「道路から見えづらい」といった反対にあい、理想の商業エリアづくりができないことも多いそうだ。

個々の住宅や、それらを集合させたエコタウン（下関市などで実現済み）で培った技術や理念が生かされていけば、商業施設のデザインや運営にも新たな道が開けるかもしれない。

## さらなる成長に向けて

「各地を回って同業者などと話す中で、全国展開をすすめられたり、その意図がないのか質問されたりすることもありますが、いまのところは山口県・福岡県以外への展開は考えていません。たしかに市場の小さな山口ではナンバー1でも、当社も進出中の福岡でいうと地場ゼネコンのトップは、２５０億円の売上規模です。さらに言えば売上高１００億円を超える企業だけでも5社以上ある。当面は、こうした企業と渡り合えるくらいの力をつけ、規模的にも成長させることを目標にしています」（安成社長）

同社が福岡に進出したのが２００3年ころのこと。単に売上を伸ばすことが成長とは言わないにしても、まだまだ山口〜福岡間には開拓の余地があるということだろう。

## 環境共生が地域産業を活性化する

「住宅を考えた場合、ローコストというユーザーニーズがあります。土地とセットで大量に分譲販売する手法は、規模が大きな会社の得意分野です。山口・福岡にも大手の地元企業もありますし、ここ6、7年で関東から全国大手の分譲会社が進出し相当数の供給を行っています。価格も安いのですが、難を言えば、そうしたやり方では日本の地域産業は廃れます。住宅は大型消費財ではなく守り続けていく資産だと思うのです。質のよい住宅を、まち並みの再生も視野に入れて建て続けていくことで、地域の職人さんたちが安心して、喜んで働ける環境を整えていくのも地域の住宅産業の重要な使命ではないかと思うのです。建設業は地域産業です。そして、地域産業を活性化する一つの方法が環境共生ではないでしょうか」

## 地域間、業者間での連携と勉強

安成社長は、今後の地域の建設業者が向かうべき方向性と自立のための条件として、地域間での連携と学びが欠かせないとも指摘する。

具体的には、第3章でも述べたＰＦＩやＰＰＰの手法などを駆使した官民連携に関する知見を磨くことだ。

「いま、公共施設を建設する予算がない。山口県もそうですが、例えば市営住宅を建てる、建て替えるといった計画が持ち上がってもそこに回す税金がない。思うように資金調達できず、計画が一向に進展しないということは珍しくありません。そこで、民間主導によるＰＦＩやＰＰＰの活用が、徐々にではありますが始まっています。今後は、ＰＦＩやＰＰＰを自ら理解して主導できる企業しか、そうした公共サービスにかかわる仕事には参加できないようになっていくのではないでしょうか。弊社のような企画提案に慣れた会社はＰＦＩへ取り組む事前学習を積んできたということもできます。そうでない会社は土地活用や提案営業を学びながら創注型建設業を目指すのがよいと思います。まさに、私たちがそうしたように」（安成社長）

## ＰＦＩやＰＰＰの実践経験を積む

安成社長のような、公共事業にほとんど頼っていない経営者のこのような指摘を、そうではない建設業者は重く受け止めなければならないだろう。各地の工務店や建設会社が公共事業に依存している、いないにかかわらず、今後はＰＦＩやＰＰＰの学びや実践参加がないと、時代に乗り遅れるかもしれないということだ。仮に安成工務店のように、公共事業が収益の柱ではなくても、公共サービスを「民民」で行うケースも増えていくというのは第３章でも述べたとおりだ。少子高齢化と地方財政圧迫の中、地域で仕事を「創注」していくには、新たな心構えが求められる。

## ネットワークを利用する

「例えば、『地方創生まちづくりネットワーク』というプラットフォームにはPFIやPPPの実情に詳しく、あるいは事業として実践したことがある人もいます。こうした既存のプラットフォームやその関係者と話し合い、学び合う中で、受注産業から脱して創注型の仕事のあり方を学ぶ。まずはそうしたことから始めるべきではないでしょうか」

本書で示す「新・建設業」に向かうことは、地域の課題を解決するプランナーとなり、なおかつ自ら実践をする実行者を目指すことでもある。つまり、地域のまちづくりや地域の活性化の担い手となることである。

地域に根差して成長を続けてきた安成工務店の道程は、その方策を教えてくれているようだ。

# 地域の特性を全面的に押し出し、コミュニティのにぎわいをつくる

花苗生産地の強みを生かす。 オープンガーデンコンテストや展示会、 花マップ作成などユニークな試みで観光客は４倍に

## プロジェクトの背景

北海道恵庭市の事例は、住民主体でコミュニティのにぎわいづくりに成功したケースだ。花苗生産地だった恵庭では、早くも1960年代から公共花壇のデザインや花壇コンクールを行ってきた。そうした土壌が、同市の恵み野地区に90年に設立された「恵み野花づくり愛好会」に結実。個人の庭を対象にしたオープンガーデンコンテストの実施などをすることで、ガーデニング愛好家が増加。沿道の街並み景観への関心が高まった。こうした花を用いたまちづくりは周辺にも波及し、97年には「美しい恵み野花のまちづくり推進協議会」が設立される。

同協議会の働きかけで、市役所内に「花と緑の課」が設置され花に関する事柄を一元管理することに。同課は官民連携のエンジンとして機能し、各種展示会、コンテスト、花マップ作成などにあたってきた。結果、観光客は98年の33万人から2015年には135万人と約4倍増。なお、恵み野地区では、ガーデニングに関する拠点施設整備を計画中。現保健センターを駅前へ移転させ、その建物をガーデンセンターに転用、隣の道の駅も拡張し「花の拠点」とする予定。

## ここが成功のポイント

- 花苗生産地でガーデニング好きが多いという土壌をフルに生かす
- オープンガーデンコンテスト（計9年実施）などでガーデニングへの興味をさらに喚起
- 「花と緑の課」の設置で、 官民連携のエンジンとなった
- ガーデニング拠点整備など、 さらなる拠点整備の継続

# 第6章

# 地域課題を解決する新しいビジネスの創造とファイナンス

## ―新・建設業のための資金の集め方―

自らプロジェクトを企画し、実践する新・建設業にとって、避けて通ることができないのがプロジェクトを実現するための資金調達をどうするか。とりわけ公共事業を中心に経営してきた建設会社が新・建設業を目指すにあたって、大きな壁となりうるのはファイナンスの問題だ。本章ではその問題をどう解決するか、金融のスペシャリストに聞いた。

# 01

# 地域の課題解決に不可欠な「お金」をいかにつくるか

第2章でも述べたように、地域の課題解決をリード、実行する「新・建設業」を目指すために必要なスキルの一つが「ファイナンス力」、つまり最適な資金調達を行う力であった。

どのような性格の資金をどこから、どういう条件で引っ張ってくるか？

お金の出し手としては、官民のどちらがよいのか？

割合はどう考えればよいのか？

これまで公共事業中心の経営をしてきた企業にとって、こうした資金構成やその調達を自ら考えることは大きな壁といえるかもしれない。

そこで地方創生まちづくりネットワークでは、早稲田大学研究院客員教授であり、フィンテックを駆使した経済の見える化に取り組む株式会社ナウキャストの取締役会長でもある赤井厚雄氏に新・建設業にとってのファイナンスについて話を聞いた。同氏は有識者委員として政府の都市再生基本方針改正を推進し、都市の再生や開発に民間資金活用の道筋を開くなど、不動産と金融のスペシャリストである。

## ファイナンスを難しく考える必要はない

赤井氏は、「ファイナンス力なくして地方の課題解決の牽引役になるのは望めない」としたうえで、次のように指摘する。

「官からの補助金をあてにするか、民間からお金を引っ張ってくるかという発想ではなく、地域の課題解決の取り組みを一つの『事業』と捉え、事業を行うためのファイナンスをどのように組み立てるか、と考えることからスタートすべきです」

地域の課題解決のための事業だからといって難しく考える必要はない。わかりやすく説明するために、個人のケースを例に考えてみよう。

## 考え方は個人の場合と同じ

脱サラして自宅で事業を始める場合、あるいは住宅を新築する場合、皆さんならどうするだろうか。

事業資金や住まいの建築など必要な資金の大きさで異なるにせよ、例えば、日本政策金融公庫やフラット35などから低金利の融資を受けることを考えるだろう。

さらに公的な融資で賄えない分は、銀行など民間金融機関から借りることも考えるだろう。

その際には、当然のことながら、複数の金融機関から合い見積もりを取り、金利や借入期間など、有利な条件を探すはずだ。

もし頼れる親族がいればどうか。

公的融資や民間融資を考える前に、例えば、生前贈与が受けられないかも考えるはずである。

もし受けられそうな場合は、「1000万円贈与してもらう代わりに、来るべき相続時は他の兄弟姉妹が優先的に遺産を受け取る」といった取り決めをすることもあるだろうし、贈与の方法についても相続時精算課税制度を利用したり、暦年贈与を複数年にわたって行ったりすることで結果として税額を低く抑える、といった算段をすることだろう。卑近な例のようだが、実は地方の課題解決に際しても、考え方は基本的に同じである。

## 何と何をどう組み合わせるか

何と何をどう組み合わせて資金を調達すれば、自分の事業や家づくりがうまくいくのか?

誰もが真剣に考えるはずである。

その際、特定の方法だけ選択しておけば間違いないということもない。先述のように、一部は公庫から借り、一部は銀行から借り、一部は親から贈与を受け、といろいろな可能性を考え、その中から選択することが一般的だろう。

## ファイナンスに唯一の正解は存在しない

例えば、何人かで会社を立ち上げる場合、仮に3人での創業なら3人が3等分して出資することも考えられる。あるいは、代表的役割を担う人間が、半分など多めに負担をし、残る2人が残額を均等に出すこともあるだろう。3人の手持ち資金で足りない場合は、個人の時と同様に公庫や民間、親族からの援助なども考慮するだろう。

話が長くなったが、要するにケースバイケースで採りうる方法は変わり、絶対的な唯一の正解が存在しないのがファイナンスだ。地方の課題解決のために事業を興す際も、ファイナンスの基本的な考え方は個人の生活での考え方と何ら変わらない。その点をまずは頭に入れておいてほしい。

## CFO的存在がいるのが理想

地域の課題解決という「事業」を行う際、新・建設業のリーダー、あるいはキーパーソンが、ファイナンスの経験や知識に長けていれば理想的である。いわば組織やプロジェクトにCFO（チーフファイナンシャルオフィサー）的存在がいる状態である。とはいえ、現実的にはそうした人材を確保できているケースはそう多くないだろう。

だからといって、諦める必要はない。

社内にいないとしても、ふだんから懇意にしている税理士などに頼ることができるかもしれない。あるいは市町村役場で金融に詳しいスタッフを紹介してもらって相談することも考えられる。

個人で事業を始める場合も、身の回りの詳しい人を探してアドバイスを乞うはずだし、必要なら謝礼を払ってファイナンスの業務や手続きを代行してもらうこともあるだろう。

それと全く同じで、地域の課題解決のための事業においても、その事業の周辺にいる人々から、適任者を探し出せばよい。

新・建設業のリーダーにとってのファイナンスの仕事とは、そうしたCFO的存在を見出し、仲間に引き入れ、信じて任せていくことでもあるのだ。

# 02

## ファイナンスに無関心な建設会社は、生き残っていくことができない

地域の課題解決に当たって、CFO的存在が果たす役割とは、ファイナンスの最適化である。

「いま世の中にあるもの（法律や制度、補助金、各種金融商品など）をどういうふうに組み合わせて最適化を図るか」について、CFOを中心に関係者間で意見を集約し、結論に導く。そのために欠かせないのは、ファイナンスの専門知識よりもプロジェクトの性質を正しく理解することだ。そして、必要な資金調達を必要なタイミングで的確に行う。

このように記すと「やはり敷居が高い」と思われるかもしれないが、そんなことはない。赤井氏は、一例として金融マンの存在を挙げる。

「ファイナンス力をどう開発するか、誰が適任なのか、それが課題です。講演などでファイナンスの話をすると、専門知識や法律などの『学習』に意識が向かう人が多いのですが、教科書の丸暗記では意味がない。むしろ人探しが大事なのです。例えば地域なら、ファイナンスのベースとなるスキルを持っている人は、各地の地銀にいることが考えられます。また、新たな形のファイナンスであるクラウドファンディング（後述）についても、リーダーとして一定のトレーニングをする必要はあるにしても、こうした人材に頼ればよいのです」

## 新・建設業自体も日ごろのトレーニングを

地域の課題解決の主役となる新・建設業のリーダー、関係者にとっては、自らＣＦＯになれるくらいの努力をすることが難しいとしても、地域の金融マンやエージェントといった他者を頼む場合に、相手のスキルや経験はもちろん、自分たちのプロジェクトの性質に合っているか、公平であるかを判断できるくらいの「目」は養っておきたい。

例えば、地銀に「ファイナンスの達人」と評判の行員がいるとする。仮に彼が多くの法律や制度に詳しく地域再生プロジェクトの経験も豊富だったとしても、プロジェクトの利益よりも自分の母体組織の利益を優先しがちな人物であればそれはプロジェクトには不要な人材だ。

本来なら、公的な補助金を使ったほうがよさそうな場面でも、我田引水で自行の融資を取りつけたがる……いくらスキルや経験に長けていても、このような人物はＣＦＯとして適任であるとはいえない。

## 勉強、経験を重ねた先のベストミックス

法制度や金融商品は常に変化するものだ。だからこそ、地域の課題を解決する事業を担う新・建設業のＣＦＯ的存在の人物は、知見のアップデートを怠ってはいけない。

「ファイナンスはイコール、マーケティングでもある。例えば、いまならこういうニーズが各地である。それを民間でやるためには、規制を撤廃、緩和すればいいという話になれば、その旨を自治体に提案することがあってもいい。あるいは、国が直接参入したい分野はここであるはず、などと見極め、先回りの手を打つことも考えられる。世の中が先に進んでいるのに、ファイナンスの当事者の頭の中が10年前、20年前の補助金オンリーで何かをやってきたような時代のままならどうでしょう。恐らく、世の中についていけず進歩進化の果実は受け取れません」

## 学びながら進めばよい

赤井氏によると、ファイナンスに長けた地域の課題解決の代表的存在として、第4章で詳述した岡崎氏が挙げられるという。

「ファイナンスの思想がある人が地域課題解決で成功する。その代表が岡崎さんではないでしょうか。彼はオガールのプロジェクトに関わる以前からファイナンスに通じていたわけではないはずですが、大学院に通ったり現場で自ら率先して学んだりしてファイナンスの『考え方』を身につけ、それに基づいて行動して成功しています。地域課題解決や地方創生の成否はファイナンスがカギを握るのだ、という発想が大事です」

## オガールに学ぶ

オガールのケースでいえば、開発を進めた結果、徐々に地価が上がり、連動して税収があがったことで岩手県紫波町の財政は改善した。

そうした成功例に学ぶことで、今後の各地で取り組まれる地域課題を解決する事業の方向性が見えてくるというものだ。

例えば、地価上昇に直結しそうな規制緩和（建蔽率の緩和や、柔軟で素早い用地転換など）を早めに行うといったことができるかもしれない。そのために先行投資が必要なら、開発の補助金などを受けることはできないか。そうした働きかけができる余地はないか探ってみることになるだろう。

官民連携のあり方としてオガールは先進的だが稀有な例だ。官民がイコールパートナーとして対等の関係を築き、対話しながら事業を進めるというケースはこれまで多くはなかった。

第2章でも述べてきたように、今後は自治体も、新・建設業という地域課題の解決を担う事業者も、官民がイコールパートナーとして対等の関係を築き、対話しながら事業を進めるという姿勢を持つべきである。その中で適切なファイナンスは課題解決に向かううえで必須の知見であり技術である。

# 03

# 資金調達の前に立ちはだかる日本の金融システムの壁

投資した資本を回収するまでに時間がかかる不動産投資や都市開発の分野では、10年、20年といったスパンで資金面を支えてくれる長期資金がどうしても必要だ。

仮に10億円のコストで商業施設を建設、運営する場合、翌年からいくらかの入場料収入や家賃、テナント料などが入ってくるにしても、毎年の維持費をはじめとする経費を差し引いて黒字転換するまでには相応の期間が必要となる。

かつては、そうした期間を通じて資金が不足しないように、長期信用銀行や政府系の金融機関、あるいは国の財政投融資などで必要な資金を賄うことができた。

## 長期資金の出し手が不足している

本来なら、民間の金融機関がこうした分野を肩代わりすることが望ましいのだろうが、日本ではそうなってこなかったと赤井氏は指摘する。

「日本は欧米と比べると間接金融が圧倒的に強い。他方、直接金融や市場型の金融が弱いのです。間接金融を担う資金は、いわゆる普通預金でお金を集めるのが中心ですが、これは極論すれば翌日には全額引き下ろされかねない、銀行にしてみれば預金者に戻さねばならない可能性のあるお金です。銀行の信用度や地域での歴史や実績、県民性などに左右されるにしても、いつ・どれだけ引き出されても取り付け騒ぎにならないように、貸し出しと備えのバランスを考えて行動しなければなりません。そのため、金融機関は、自己のリスク管理の観点からも10年、20年先を見越した投資などはなかなか行えないのです」

お金を欲する人のニーズと、お金を出す人のリスク許容度と融資期間の長さがマッチングするとは限らず、むしろ両者のギャップが大きいのだ。

「だからほんのちょっとしたことで綻びが生じて破綻してしまう可能性を常にはらんでいるのです。いわば精巧なガラス細工のようなバランスの上にかろうじて成り立っているのが国内間接金融の実情なのです」

## 金融システムの構造的変化

かつては、長期信用銀行3行といわれる日本興業銀行や日本長期信用銀行、日本債券信用銀行が債券を発行して資金を調達し、普通銀行が負担しきれない長期融資の原資にあてていた時代があった。

債券発行でプールされた資金が、自動車メーカーや鉄道会社、重工業などに傾斜配分されて、経済成長を支えてきたわけだ。公的な金融機関や政府の財政投融資も、公共投資などに際して同じような役割を負ってきた。

しかし、バブル崩壊からこの間、長期銀行は姿を消した。長引く不況と第1

章で述べた少子高齢化社会を迎え、国の財政にも余裕がない。

民間の金融機関がうまく回らなくなった穴埋めを行ってきたのが国だ。その資金調達の手法は国債の発行である。

しかし国債発行残高は増えるばかりで、今後も公債の発行をし続けることは簡単ではない。

もはや公共事業頼みでは建設業界が成り立たないことは、本書で繰り返し述べてきたとおりである。

## ハコ物中心からの脱却

建設分野への公的資金投入が抑制されるようになった背景には、財政制約の拡大だけではなく、不必要に華美な施設や大きすぎるハコ物建設など地方活性化の名を借りた大型案件の相次ぐ破綻など、大型の建設投資が本当に地域の課題解決に効果的であったのかを検証すべきとの風潮が強まってきたことが挙げられる。

もちろんすべての公的な投資が悪いわけではない。分不相応や行き過ぎが問題なのであって、今後も必要な投資は行われるべきだ。

ただし財政制約は引き続きの課題でもある。そこで新たな手法の一つとして登場したのが、PFIを活用した新たな公民連携の姿であった。

しかしながら、前章でも述べたようにPFIは導入以来、政府が期待したほどの広まりを示せなかったのも事実である。その背景の一つに、間接金融偏重からくる「長期資金の不足」があったといえる。

## リスク資金も不足している

長期資金と同時に不足しているのが、成長マネーともいわれるリスク資金である。典型例がベンチャー育成資金で、シリコンバレーを築いたアメリカのようにはベンチャーキャピタルなどが発達していない日本では、創業間もないアーリーステージの企業に、担保なしで大金を貸してくれる金融機関はほとんどない。

金融機関が求めるのは「実績」だ。しかし、創業間もない企業が実績を積み上げるためには先行投資が必要なのだ。

「いま貸してほしい」のにそれが叶わず、苦労して成功し資金需要がなくなってから「いくらでもお貸しできますよ」と言われる……。

ここでも、貸し手と借り手の間にミスマッチがある。

## 長期資金、リスク資金不足のしわ寄せ

長期資金とリスク資金の不足はどこで起こっていたのか。

実はその一端こそが、本書のテーマでもある地域の課題解決、ひいては地方創生の現場なのである。

図書館、商店街のリニューアル、橋やインフラの構築、補修……。こうした

ことにはどうしても比較的長期の資金が必要になる。

また、それまでそこにない公的サービスを提供する事業を新たに興すことはまさにリスクマネーを必要とする事業だが、そうした事業の立ち上げにも資金は必要となる。

そうした資金を調達するためには、従来型の資金調達だけではなく、新たな手法も駆使していかなければならない。

# 04

## 地域課題解決のための新たなファイナンス手法とは

地域課題解決のための新たなファイナンス手法として、今後大きな注目を集めそうなのがクラウドファンディングである。

日本では十数年の歴史があるクラウドファンディングだが、もともとは「寄付」の延長として認知され徐々に広まってきた。

例えば、難病の子どもが渡米して手術するための渡航費を集めようとインターネットで寄付を募る。

あるいは、地方で埋もれていた人物の石碑を建立するために寄付を募る。

こうしたクラウドファンディングは、多くの場合、一口が数千円から数万円程度で、参加者も数百か千人程度の規模だった。

## 投資型のクラウドファンディング

赤井氏の提言や尽力もあって、このクラウドファンディングで、「投資型」の案件を扱えるようになった。

金融商品取引法の「第二種金融商品取引業」の登録を行うことで、「集団投資スキーム持分等の自己募集」などが行えるようになったのだ。

用語が専門的すぎるのでわかりやすく解説すると、次のようになる。

自らが行う事業に対して、自らがクラウド上で投資を募り集めた資金を自己資本に算入する。

それを事業資金にあてることができる。

そうして事業の売上から経費や事業者の利益を除いた部分を、投資家に還元する。

つまり、間接金融からは調達が困難だったリスクマネーを、自らがクラウドファンディングで調達できるようになったということだ。

## 共感して投資し、応援団になる

仕組みを具体的に解説するために、良質の純米酒造りに励む地方の酒蔵を例にする。

酒蔵は、通常現金で酒米を仕入れるが、その米を仕込んで諸々の過程を経てできあがった純米酒が現金化されるまでには3年程度を要するという。

ファイナンス面でさほどの余裕がない地方の酒蔵は、多くの場合借り入れをして3年間の金利を負担しながら酒造りに携わってきた。貸す側は、現在の負担を超えるようなレベルでの貸し出しを簡単には行わない。そのため、地方や都会で評判となった人気の酒でも、簡単に増産ができなかった。

こうしたケースで、投資型のクラウドファンディングが威力を発揮する。

酒の味や酒蔵の仕事ぶりに好意を持った都会の消費者が、クラウドファンディングで出資を行う。

クラウドファンディングにおいて特徴的なことはこの「好意」を持った出資者の存在だ。この場合の出資者は、単なる投資を行ったのではない。というのも、彼らは熱心なエンドユーザーでもあるからだ。

自らが愛飲するだけでなく、よく通う居酒屋にはその酒を置くように奨める人もいる。

また、パーティーなどがあれば、その席にも愛してやまない酒を持参し、皆がおいしそうに飲んでいる様子をＳＮＳにアップし、宣伝まで行ってくれるケースも多いという。

## 地方発の事業に適している

このように地方発の事業や試みをアピールするのにも、投資型のクラウドファンディングはうってつけだ。より規模を大きくして、商店街単位や施設単位で出資を募ることもできるだろう。

要件や諸注意については、金融庁や一般社団法人「第二種金融商品取引業協会」のホームページに詳しいので参考にしてほしい。

## 事業の選択と集中にも利用できる

東日本大震災によって、宮城県気仙沼の元回船問屋「斉吉商店」は、大きな被害を受け事業継続の危機に陥った。被災後、流通などからは手を引き、何とか被災を免れた秘伝のタレを生かして副業的に行っていたサンマの佃煮製造に事業を集中させた。

詳細は『おかみのさんま』（日経WOMAN選書）に詳しいが、ここでもリスクマネーをクラウドファンディングで調達できたのだ。サンマの佃煮の味にほれ込み、復興の心意気を応援しようというファンの心とサイフをつかんで、彼らに応援団になってもらうことで、事業は再出発した。

この斉吉商店の例では、災害からの復興とその際の選択と集中にクラウドファンディングが効力を発揮し、ファンドとしての一金融商品としてみても成功を収めたといえる。

投資型のクラウドファンディングでは、先述のように集めた資金を自己資本に算入できる。そのため、仮にもくろみ通りの成果を上げられなくても、資金を集めた事業者側が無限の責任を負う必要はない。

もちろん決して無責任でよいというわけではないが、そうしたこともあってリスクマネーを集めやすい仕組みとして、有効な資金調達方法である。

## 不動産特定共同事業法の壁を破る

述べてきたように、既存金融機関からの間接金融頼みという一本足打法のファイナンスを離れ、ファイナンスの選択肢を広げる方法の一つとして使い勝手のよくなってきたクラウドファンディングの活用が注目されてきた。

第二種金融商品取引業のライセンスがあれば、理屈のうえでは地方の課題解決について回る「不動産への投資」にも、クラウドファンディングが使えると思われた。

けれども、そこには「不動産特定共同事業法」の壁があった。

不動産の売買や賃貸借契約を行ったことがある人ならわかるだろうが、売買や賃貸契約に際しては、仲介などを行う宅建業者が、契約者に対して重要事項説明書の契約前書面を印刷して目の前に置き、読みあげて納得した段階で署名、捺印してもらう必要があった。

## 不動産とは相性が悪かった

例えば、クラウドファンディングで1億円の不動産に対して一人当たり1万円の出資してもらう場合、1万人の出資者のもとを訪れて一人ひとり面前で署名捺印を求めることはできない。手間を省くために全員まとめて体育館などに集めようとしても、特定の日に1万人の出資者全員が集うことはほぼ不可能である。

## 不動産のリノベーションや用途転用に道が

こうした別の法律の壁があって、クラウドファンディングを不動産活用投資に応用するのは現実的ではなかった。

そうした点もケアし、透明かつクリーンにクラウドファンディングを不動産分野に応用する道が模索され、2017年に不動産特定共同事業法の改正が行われた。

その結果、現物不動産取引の重要事項説明書にあたる契約前書面は、一人ひとりの目の前で印刷して読み上げる必要はなくなり、Eメールなどによるやりとりも可能となった。

この法改正によって、それまでは、取得した不動産を拠点とした事業の組成や運営にだけ使うことができたクラウドファンディングによる調達資金が、不動産の取得、その内外装のリノベーション、その後の第三者への貸し出しなど不動産投資そのものに使う資金として使えるようになった。

これによって、例えば空きビルをシェアオフィスにしたり、古民家を飲食店に替えたりといった不動産の用途変更も行いやすくなった。

いずれにせよ、地域課題解決に向けて不動産とセットの金融を用いた解決法がクラウドファンディングで見えてくるのである。

# 05

# プロジェクトを実践していくなかで、ファイナンス力を高める

こうした不動産分野でのクラウドファンディング活用は、ＦＴＫスキームと呼ばれ、今後ますます使い勝手がよくなり、新たな不動産ファイナンスの有力手法として伸びていくと予想される。

まさに、純米酒やサンマの佃煮のような感覚で、「あるユニークな試みの施設」や「ある地域の再生プロジェクト」のファンとなり、自らが応援団として情報発信など、行動してくれるユーザーの取り込みである。

地域の課題解決や再生の試みを、地元はもちろん都会出身者にも応援してもらい、彼らの力を課題解決に生かすというわけだ。

こうした潮流を受けて、大手の参入も始まっている。

国内最大手のシンクタンクである野村総合研究所や大手不動産ファンドのケネディクスは、既に別会社を設立したうえで第二種金融商品取引業のライセンスを取得。他にも10社前後に同様の動きがあって、これまでならば大手企業が注目することがなかったような地方の再生プロジェクト、地方創生関連の案件に手を伸ばそうとしている。

## 自治体や「公」と新・建設業の連携

かつてデベロッパーが開発を行うとき、まずは土地を買い建物を建てた。そして、テナントを入れたところではじめて銀行が金を貸してくれた。それまでは自力で資金調達しなければならず、企業の体力の範囲内のものしか開発することができなかった。それに対して、1987年に設立された民間都市開発推進機構は、中央や地方のデベロッパーが土地を買った段階で、その土地を担保にして低利の融資を行うようになった。

いわば「土地の質屋さん」である。こうした公的な機関を利用して、日本橋などで大規模開発が行われた。

「民都機構の取り組みは大型のものが中心なのですが、これからは地方のより小規模なプロジェクトでも同様の取り組みを行うべきというのが私見です。その時には、地方の新・建設業者も、こうした機関の利用を一考してもよいと思います」（赤井氏）

## ファイナンスの選択肢は多数ある

例えば、100の資金のうちの20ほどはクラウドファンディングなどを利用して自力で集める。

残りの80のうちの何割かを、補助金も含めて自治体や公的な機関に頼る。

さらには、残りを地銀や地域ファンドをはじめとする民間に頼る……。

純民間のクラウドファンディング
純民間の金融機関などによる融資
国や自治体からの公的な補助金など
公的な機関からの借り入れ

既に述べたように、ファイナンスの選択肢は多数あり、案件によって何をどの程度組み合わせて使うかは、融通無碍であるべきだ。ファイナンスに長けたキーパーソンを中心に、さまざまな方法を模索すればよいだろう。

## 毛細血管が動脈になる

話を再びクラウドファンディングに戻す。

かつては、金額の規模では小さかったクラウドファンディングが、投資用に用いることができるようになり、また不動産への活用も2019年以降本格化していきそうな勢いだ。

地域の課題解決、地方創生という文脈の中では小さく細い毛細血管のようだったクラウドファンディングの一本一本が太くたくましくなりつつある。そして、人体の各器官をつなぐ動脈のように、大きな役割を果たしつつある。

「極度に間接金融に依存してきたという金融システム全体の欠陥を、クラウドファンディングといった新たな選択肢が埋めてくれるかもしれない。本来だったら壊死してもおかしくなかった器官（つまり地方の課題）が、クラウドファンディングによって結ばれ、新たな血流が生じ蘇ることもあるでしょう」

## 金融商品を使い倒す

かつては1００株といった最低単元でしか取引が行えなかった株式投資が、ネット証券の誕生以来、10分の1から取引が行えるミニ株が登場し、さらに1００分の1からでも投資できるプチ株も生まれた。

これは一例だが、赤井氏は「金融商品はおもしろくて、応用がいくらでも効く。ケースや身の丈、業態などに応じて、自由に組み合わせて使えばよい」と強調する。また、金融商品取引法とは、そもそもそうした姿勢を基本的に容認する趣旨のもので、とはいえ最低限守るべきことを定めた法律である、ということだ。

金融商品を含めた資金調達の手法は多様であり、ケースに応じて使い方もさまざまなので、ファイナンスを習熟するのは、机上の学習だけではなかなか困難だ。特に新しいFTKスキームなどは、むしろ現場で試行錯誤を重ねつつ学ぶことが重要だ。地域の課題を解決するためのプロジェクトを打ち立て、それを実践していくなかで、ファイナンス力を高めていったほうがいいだろう。それが新・建設業への転換を実現する第一歩となるはずだ。

# おわりに

これからの建設業が目指すべきあり方やそれに向けた脱皮の方法、各地での先駆的な成功事例など、さまざまな側面から、既存の建設事業者から「創注型」企業・産業への脱皮について述べてきた。

すでに「創注型」企業に向けて歩みを進めている会社もあれば、本書をきっかけに業態転換などを視野に入れる会社もあるだろう。

その際、法律やファイナンスの知識などを障壁に感じることもあるかもしれないが、述べてきたように過度の心配は必要ない。案ずるより産むがやすしというが、「創注型」企業への脱皮もまさに同じではないか。

まずは民間どうしのプロジェクトでも官民連携によるプロジェクトでもよいので、一つ具体的な仕事を「創造」してみてほしい。

その体験がベースとなり、新たな知識や経験、人脈が積み重ねられていき、やがて自立した「創注型」企業へと完全脱皮できるはずだ。

本書は、建設業とその周辺産業の関係者を対象に紙幅を費やしてきたが、地方での課題解決に当たっては関係者となりうる人々のすそ野は広い。

例えば、地方自治体の行政マンや商店街組合の関係者、あるいは都心から移住定住してきた人々にボランティアの関係者……。そうした多くの人々にも、本書が何がしかを示唆できればこれに勝る喜びはない。

地方創生まちづくりネットワークを主宰するハイアス・アンド・カンパニー株式会社は、「住宅取得が個人の資産形成に直結する社会の実現」を企業理念として掲げ、２００５年に設立された。住宅不動産は個人が持つ最大の資産であり、その価値を守ることは豊かな暮らしの実現につながる。

住宅不動産の資産価値は政治、経済の状態や人口・世帯数変動による地域の需給バランスの変化など多様な要因により変動する。例えば、住宅不動産の資産価値に影響する要因の一つに「地域の価値」がある。

地域の価値とは何か。

私たち地方創生まちづくりネットワークが考える「地域の価値が高い状態」とは、人々が集う魅力ある場所があり、働きがいのある仕事が地域にあることだ。空き家・空きビルばかりで魅力的な場がない、若者の働く場がないといった「地域の課題」を解決するための事業を通じて稼ぎ、生み出した付加価値を地域に還元することで地域の暮らしをよくする、そんなエコシステムが地域内にあることが魅力となってさらに新たなヒト・モノ・カネが呼び込まれ、ますます価値が高まっていく。これが「地域の価値」を高める循環だと考える。

しかしながら、地域の価値向上につながる遊休化したストックを「生かして」新たな場と機会を創り出し地域課題の解決を目指すプレイヤーはまだまだ不足している。私たちは地域課題の解決を目指すプレイヤーの一つとして、地域に根ざした建設業の皆様こそふさわしいと考えている。

そして建設業の皆様とともに、従来からのインフラ維持や公共施設整備という役割を担いながら、地域課題を解決し地域経済を牽引する事業を構想する力をつけた「新・建設業」を目指す。

そうした思いから立ち上げたのが、「地方創生まちづくりネットワーク」というプラットフォームである。

この本は、そのような考えや思いを少しでも多くの人と共有したいと考えて、その先駆者である岡崎正信氏に監修をしていただきながら著した。ぜひ多くの建設事業関係者に読んでいただければ幸いである。

末筆ながら、本書を著すうえで多大な助力・助言をいただいた、元国土交通省土地・

建設産業局長で麗澤大学客員教授の内田要氏、株式会社安成工務店代表取締役の安成信次氏、早稲田大学研究院客員教授の赤井厚雄氏には、この場を借りて心から感謝の意を示したい。

著者

【監修者プロフィール】

## 岡崎正信

*Masanobu Okazaki*

1972年岩手県生まれ。大学卒業後、地域振興整備公団（現・都市再生機構）入団。東京本部、建設省都市局都市政策課、北海道支部などで地域再生業務に従事したのち、2002年、家業である建設会社、岡崎建設株式会社を継ぐために退団。故郷の紫波町で企画立案から携わった「オガールプロジェクト」は官民連携まちづくりの注目事例として全国的に知られる。現在は、株式会社オガール代表取締役としてオガールを切り盛りする傍ら、地域振興事業のコンサルタントや講演などで全国各地を飛び回っている。岡崎建設株式会社専務取締役、一般社団法人公民連携事業機構理事も務める。

【著者プロフィール】

## 地方創生まちづくりネットワーク

全国各地の総合建設業や工務店を対象として、まちづくりの担い手として実務面で必要なディベロップメントや施設の管理運営手法などを習得した、持続可能なビジネスモデルを実践する地域建設業のネットワークとしてハイアス・アンド・カンパニー株式会社の主宰によって創設された。地域の遊休不動産の情報と、テナント出店希望者や行政・自治体の活動として不動産を活用したいという情報を集約した「全国土地活用・再生プラットフォーム」を提供しており、地域で生まれた建築ニーズを地域の力で行い、建築時の一過性にとどまらないまちづくりを推進している。

プロジェクトメンバーは以下の通り。

柿内和徳、鵜飼達郎、北島英雅、安田秀一郎、小西芳宜、粟津索、相場剛、大友一生、矢部智仁（東洋大学公民連携専攻客員教授、2019年度国土交通省PPPサポーター）

**新・建設業　まちを創る会社はこうしてつくる**

2019年8月7日　第1刷発行

監　修――岡崎正信
著　者――地方創生まちづくりネットワーク
発行所――ダイヤモンド社
〒150-8409　東京都渋谷区神宮前6-12-17
http://www.diamond.co.jp/
電話／03･5778･7235(編集)　03･5778･7240(販売)

装丁・デザイン―田中小百合
校正――――聚珍社
編集協力――日比忠岐(エディ・ワン)
製作進行――ダイヤモンド・グラフィック社
印刷・製本―ベクトル印刷
編集担当――前田早章

©2019 岡崎正信、地方創生まちづくりネットワーク
ISBN 978-4-478-10822-2
落丁・乱丁本はお手数ですが小社営業局宛にお送りください。送料小社負担にてお取替えいたします。但し、古書店で購入されたものについてはお取替えできません。
無断転載・複製を禁ず
Printed in Japan